中国电力教育协会审定

"十二五"高职高专电力技术类专业系列教材

输配电线路设计

全国电力职业教育教材编审委员会 组 编

韩宏亮 张秦文 李晓晨 主 编

王 涛 刘金龙 副主编

吴先卿 许江博 编 写

汤晓青 主 审

中国电力出版社
CHINA ELECTRIC POWER PRESS

内 容 提 要

本书是高等职业教育高压输配电线路施工运行与维护、供用电技术、发电厂电力系统等专业的教材，主要介绍输配电线路的基本输配电知识、输配电线路设计的基本理论和方法。全书共设计了 8 个学习情境，包含架空线路结构认识、架空线路导线截面的选择、线路设计气象条件的选择确定、导线和避雷线应力弧垂计算、导线和避雷线的振动与防振、杆塔荷载计算、输配电线路设计的路径选择及杆塔定位和电力电缆线路设计基础等专业内容。

本书针对高职高专院校学生的特点和教学要求，本着"理论适度够用，强化实践技能"的原则，对原有部分设计理论内容进行了删减，增加了新设备、新技术、新工艺、新方法的介绍。可作为高职高专电气工程类专业的教材和从事电力行业的职工职业技术培训用书，也可作为从事输电线路设计、施工、运行与检修等工作的有关工程技术人员的参考用书。

图书在版编目（CIP）数据

输配电线路设计/韩宏亮，张秦文，李晓晨主编；全国电力职业教育教材编审委员会组编. —北京：中国电力出版社，2014.8（2024.6重印）

全国电力高职高专"十二五"规划教材. 电力技术类（电力工程）专业系列教材

ISBN 978 - 7 - 5123 - 6251 - 2

Ⅰ.①输… Ⅱ.①韩…②张…③李…④全… Ⅲ.①输配电线路－电路设计－高等职业教育－教材 Ⅳ.①TM726

中国版本图书馆 CIP 数据核字（2014）第 168697 号

出版发行：中国电力出版社
地　　址：北京市东城区北京站西街 19 号（邮政编码 100005）
网　　址：http://www.cepp.sgcc.com.cn
责任编辑：陈　硕（010－63412532）
责任校对：黄　蓓
装帧设计：赵姗姗
责任印制：吴　迪

印　　刷：固安县铭成印刷有限公司
版　　次：2014 年 8 月第一版
印　　次：2024 年 6 月北京第九次印刷
开　　本：787 毫米×1092 毫米　16 开本
印　　张：9.5
字　　数：223 千字
定　　价：20.00 元

参 编 院 校

山东电力高等专科学校　　　　西安电力高等专科学校

山西电力职业技术学院　　　　保定电力职业技术学院

四川电力职业技术学院　　　　哈尔滨电力职业技术学院

三峡电力职业学院　　　　　　安徽电气工程职业技术学院

武汉电力职业技术学院　　　　福建电力职业技术学院

江西电力职业技术学院　　　　郑州电力高等专科学校

重庆电力高等专科学校　　　　长沙电力职业技术学院

电力工程专家组

组　　　长　解建宝

副 组 长　李启煌　陶　明　王宏伟　杨金桃　周一平

成　　　员　（按姓氏笔画顺序排序）

王玉彬　王　宇　王俊伟　刘晓春　余建华　吴斌兵

张惠忠　李建兴　李道霖　陈延枫　罗建华　胡　斌

章志刚　黄红荔　黄益华　谭绍琼

出 版 说 明

为深入贯彻《国家中长期教育改革和发展规划纲要（2010—2020 年）》精神，落实鼓励企业参与职业教育的要求，总结、推广电力类高职高专院校人才培养模式的创新成果，进一步深化"工学结合"的专业建设，推进"行动导向"教学模式改革，不断提高人才培养质量，满足电力发展对高素质技能型人才的需求，促进电力发展方式的转变，在中国电力企业联合会和国家电网公司的倡导下，由中国电力教育协会和中国电力出版社组织全国 14 所电力高职高专院校，通过统筹规划、分类指导、专题研讨、合作开发的方式，经过两年时间的艰苦工作，编写完成全国电力高职高专"十二五"规划教材。

本套教材分为电力工程、动力工程、实习实训、公共基础课、工科专业基础课、学生素质教育六大系列。其中，电力工程和工科专业基础课系列教材 40 余种，主要针对发电厂及电力系统、供用电技术、继电保护及自动化、输配电线路施工与维护等专业，涵盖了电力系统建设、运行、检修、营销以及智能电网等方面内容。教材采用行动导向方式编写，以电力职业教育工学结合和理实一体化教学模式为基础，既体现了高等职业教育的教学规律，又融入电力行业特色，是难得的行动导向式精品教材。

本套教材的设计思路及特点主要体现在以下几方面。

（1）按照"行动导向、任务驱动、理实一体、突出特色"的原则，以岗位分析为基础，以课程标准为依据，充分体现高等职业教育教学规律，在内容设计上突出能力培养为核心的教学理念，引入国家标准、行业标准和职业规范，科学合理设计任务或项目。

（2）在内容编排上充分考虑学生认知规律，充分体现"理实一体"的特征，有利于调动学生学习积极性。是实现"教、学、做"一体化教学的适应性教材。

（3）在编写方式上主要采用任务驱动、行动导向等方式，包括学习情境描述、教学目标、学习任务描述、任务准备、相关知识等环节，目标任务明确，有利于提高学生学习的专业针对性和实用性。

（4）在编写人员组成上，融合了各电力高职高专院校骨干教师和企业技术人员，充分体现院校合作优势互补，校企合作共同育人的特征，为打造中国电力职业教育精品教材奠定了基础。

本套教材的出版是贯彻落实国家人才队伍建设总体战略，实现高端技能型人才培养的重要举措，是加快高职高专教育教学改革、全面提高高等职业教育教学质量的具体实践，必将对课程教学模式的改革与创新起到积极的推动作用。

本套教材的编写是一项创新性的、探索性的工作，由于编者的时间和经验有限，书中难免有疏漏和不当之处，恳切希望专家、学者和广大读者不吝赐教。

全国电力职业教育教材编审委员会

前　言

　　本书是以《关于全面提高高等职业教育教学质量的若干意见》为指导，主要采用行动导向编写方式，为实现电力职业教育工学结合和实现理实一体教学模式起到了支撑和载体作用，创新了电力职业教育教材体系。在编写过程中，贯彻落实了《国家中长期教育改革和发展规划纲要（2010—2020年）》要求企业参与职业教育的文件精神，为满足电力行业产业发展对高技能型人才的需求，结合高职高专学历教育与职业资格教育相结合的特色，把职业资格证书考试所要求的相关理论知识与技能要求融入其中，使高压输配电专业课程与职业资格相融合，建议学时60～80学时。

　　"输配电线路设计"是电气工程类专业的主干课程，是高压输配电线路施工运行与维护专业的核心技能课程，是从事高压输配电线路设计、施工、检修与运行等职业技术人员的必修课程。本教材具有理论新颖、实践性强、应用广泛等特点，在编写过程中充分考虑了职业教育教学的特点，本着理论适度够用，强化实践技能的原则，对部分设计理论内容进行了删减，增加了新设备、新技术、新工艺、新方法的介绍。

　　全书采用情境教学模式，以任务驱动和项目导向为主线，共设计了8个学习情境。其中绪论、学习情境1和学习情境8由三峡电力职业学院韩宏亮编写；学习情境2、学习情境6及附录部分内容由西安电力高等专科学校张秦文编写；学习情境3、学习情境4及附录部分内容由长沙电力职业技术学院李晓晨编写；学习情境5由三峡电力职业学院刘金龙编写；学习情境7由三峡电力职业学院王涛编写；西安华瑞能源设计咨询有限公司吴先卿、中国葛洲坝集团电力有限责任公司许江博参与编写了部分学习情境及附录部分内容。全书由韩宏亮统稿，汤晓青主审。本教材在编写的过程中得到了湖北超高压输变电公司宜昌输电公司姚俊、西安天朗地产集团公司黄兴、西安华瑞能源设计咨询有限公司乔楠等同志的大力支持，并提出了许多宝贵的意见，在此深表感谢！

　　由于时间仓促，编者水平有限，书中纰漏和不足之处在所难免，恳请读者批评指正。

编　者

2014年7月

目　录

绪 论

一、本课程的设计理念与思路

本课程是电气工程类专业的主干课程，是高压输配电线路施工运行与维护专业的核心技能课程，是从事高压输配电线路施工、检修与运行等职业技术人员的必修课程。本课程的设计理念遵循了我国高等职业技术教育的发展要求，设计思路深入贯彻了进一步推进职业教育体制改革，加快推进建设现代职业教育体系的思想，落实了教育部"十二五"规划关于教育工作的会议精神。

课程设计理念坚持以市场和就业为导向，以岗位能力的培养为目标，以工学结合的培养模式为载体，遵循"理论知识够用，实践技能精湛"的原则，旨在培养学生成为"理论知识懂得多，技能操作上手快"的高技能人才，为就业上岗奠定良好的基础。

课程设计思路通过分析高压输配电线路施工运行与维护专业的专业面向的职业工种（职业岗位），对专业面向的职业工种（职业岗位）从工作任务、职业能力两个维度进行剖析，确立专业的人才培养目标；根据本课程在专业教学中的地位，对课程的教学内容和教学任务进行设计。

二、本课程的性质与任务

本课程是高压输配电线路施工运行与维护专业的专业核心技能课程，主要介绍架空输配电线路结构、架空导线截面选择、线路设计气象条件选择及确定应力弧垂计算、导线、地线防振、杆塔荷载计算、路径选择及杆塔定位、电力电缆设计基础等内容。

本课程主要培养学生掌握输配电线路设计的基本理论知识，掌握输电线路设计方法，培养学生具有适应从事线路施工、运行与检修方面有关工作岗位的职业素养和职业行动能力。通过本课程的学习，学生应具有以下职业和岗位技能：

（1）在送变电、供用电、电力建设企业从事线路施工设计、施工组织及施工技术支持等职业岗位；

（2）在电气安装公司、大中型工矿企业从事线路施工技术管理与技术指导等职业岗位；

（3）在电力设备、电气设备生产企业从事技术管理与技术支持等职业岗位。

三、本课程的教学与组织

本课程教学内容符合线路专业技术领域相关职业岗位的任职要求，充分体现了专业性、可操作性和可持续发展性。课程有别于一般同类课程的知识结构体系，是在岗位能力分析的基础上，以具体的线路设计全过程为中心来整合相应的知识和技能，以真实的项目和任务及工作过程为依据来整合相应的知识和技能，深化细化课程内容，科学设计学习性任务，通过对设计程序的提炼与选择，在真实性基础上构建学习性环境，实现"社会真实"与"专业学习"的整合。

在实践中学习、在学习中实践，努力实现理论和实践教学一体化，整个教学内容由五大工序组成。在每个教学项目中，先对所讲的最主要内容进行简要的概述，使学生一开始对所学的最主要内容有一个感知认识；接下来提出一个实际的问题，确认需要完成的任务，由学生提出探试性解决该问题的应用程序，了解其工作过程；随后系统地分析该问题，提出解决该问题的具体方案及完成该任务的具体步骤；然后对项目进行实施，根据实施的结果进行讨论，总结归纳该工序包含的设计方法、技术等知识点；最后再对学生提出一个新的实际问题，学生应用所学的方法和步骤来解决此新问题。学生通过这种"理论、案例、实践、讨论、再实践"的"五环"教学方案，不仅可以更快、更深入地理解和掌握课程的内容，还可提高自己的实践能力和独立解决实际问题的能力。贯彻了在实践中学习、在学习中实践，实现教、学、做相结合，理论和实践教学一体化的思想。

学习情境 1

架空输配电线路结构认识

【情境描述】

架空输配电线路作为电网建设的重要环节，大多架设在野外，线路经过的地理环境多种多样，地形地貌也千差万别。降低输电线路工程建设成本、提高电网安全运行质量、保护输配电环境已成为输配电线路工程的设计综合考虑的重要因素。

电力系统现代化建设和发展速度越来越快，在电网建设方面，配网改造、高压、超高压、特高压输电线路的大量建设和投运，需要丰富的设计理论和设计实践的指导。

【教学目标】

知识目标：

（1）了解输配电线路建设发展的历程和趋势；

（2）掌握高压架空输配电线路的结构组成及其作用和分类；

（3）熟悉输配电线路设计的步骤。

能力目标：

能熟练掌握高压架空输配电线路的结构组成及其作用和分类，并根据实际工程的需要，合理选择和设计架空输配电线路的结构类型。

态度目标：

（1）主动学习，在完成任务过程中发现问题，分析问题和解决问题；

（2）勤于思考，善于分析与总结问题；

（3）具有团队意识和团队协作的能力，能够协同团队成员共同完成学习任务；

（4）具有不怕苦、不怕累的职业精神，能够通过团结合作树立良好的职业品质。

【教学环境】

多媒体教室、架空输配电线路实训基地等。

学习任务 1.1　输配电线路的发展

【任务描述】

（1）总结中国输配电线路的发展历程；

（2）分析中国输配电线路的现状和格局；

（3）预测中国输配电线路发展的趋势。

✿【任务准备】

（1）中国输配电线路发展的关键历程是什么？

（2）中国输配电线路分布的现状和电压等级是什么？

（3）中国电网建设的规划和目标是什么？

❉【任务实施】

（1）分组完成任务描述中的各项任务；

（2）各组成员分项完成任务；

（3）各组成员对各项任务进行整理和归纳；

（4）不同小组进行完成任务情况的对比和总结。

▤【相关知识】

　　电力系统是由发电、变电、输电、配电、用电（发、变、输、配、用）等设备和相应的监视、控制、保护、电力调度通信（监、控、护、通）等系统按规定的技术和经济要求组成的，将一次能源转换为电能，并输送和分配到电力用户的统一系统，是一个从生产到消费电能的系统。在电力系统中，由各级电压等级的输配电线路、升压和降压变电站及其所属的电气设备所组成的部分称为电力网。输电线路是输送电能、联络发电厂、变电站（所），实现电力系统联网、电力系统间的功率传递的高压电力线路。输配电线路是电力工业的大动脉，是电力系统的重要组成部分。电力网的建设与发展和输电线路的建设与发展是密不可分、相辅相成的。

一、中国输电网建设的发展历程

　　1949 年开始，经历改革开放，一直到 21 世纪的今天，中国电网的建设与发展速度快，取得了辉煌的成绩。建国 60 多年来，特别是改革开放以来，中国电力工业飞速发展，发电装机已超 8 亿 kW，发电装机及发电量均居世界第二。35kV 及以上电力线路已超过 117 万 km，成为世界规模最大的电网。新中国成立以后，中国电网逐渐形成统一合理的电压等级，同时电网的输电形式也不断发展、逐步更新，形成了灵活的交流输电和经济的直流输电。

　　1952 年配合官厅水电站建设 110kV 京官线，逐步形成京津唐 110kV 输电网；1954 年建成丰满—李石寨的 220kV 线路，以后相继建设辽宁—李石寨、阜新—青堆子 220kV 线路，逐步形成东北电网 220kV 骨干网架；1972 年建成甘肃刘家峡—陕西关中的 330kV 输电线路，以后逐步形成西北电网 330kV 骨干网架；1981 年河南平顶山—湖北武昌的 500kV 输变电工程（简称平武工程）投运，开创了中国超高压电网建设的元年，逐渐形成了华中电网 500kV 骨干网架；2005 年官厅—兰州东 750kV 输变电示范工程正式投产，西北地区建成第一条 750kV 输电线路，设备国产化率达到 90% 以上，标志着西北电网的最高电压等级从 330kV 提高至 750kV，同时也标志着中国输变电技术的不断进步与成熟；2008 年年底，具有完全自主知识产权的 1000kV 晋东南—南阳—荆门的特高压输电线路建成。这条特高压线路不仅把中国电网的输电电压等级提高到了 1000kV，也将成为世界上第一条投入商业化运行的 1000kV 输电线路。该项工程是中国电网发展方式转变的标志性工程，同时也证明了中国在特高压输变电工程自主设计、设备研发和施工建设方面的能力与成就。

直流输电方面，1989 年建成 ±500kV 葛洲坝—上海直流输电线路，成为中国第一条 500kV 超高压直流输电工程；2009 年 7 月底，中国首条 ±660kV 直流输电线路宁夏—山东 ±660kV 直流输电示范工程开始施工，该工程已于 2010 年 11 月 28 日实现单极投运，2011 年 2 月 28 日正式投运，实现了双极投运；2009 年底，云南—广东 ±800kV 特高压直流输电示范工程开工建设，这是世界上第一项 ±800kV 直流输电工程，也是世界上最高电压等级的直流输电工程；2010 年 7 月向家坝—上海 ±800kV 特高压直流输电示范工程竣工投产。向家坝—上海 ±800kV 特高压直流输电示范工程，由中国自主研发、自主设计和自主建设，是世界上电压等级最高、输送容量最大、送电距离最远、技术水平最先进的直流输电工程，也是中国能源领域取得的世界级创新成果，代表了当今世界高压直流输电技术的最高水平。

二、中国输电网的现状与格局

中国在电网建设规划中强调推进"西电东送，南北互供，全国联网"的方针；加强区域联网，形成同步电网，实现更大范围的资源优化配置；加强西电东送的力度，加大各区域电网和省电网的骨干网架建设，重点发展跨省、跨区输电和联网线路。中国电网通过不断规划、不断建设、不断发展，全国联网的格局已初步形成。

中国已形成华北、东北、华东、华中、西北 5 个区域电网和南方电网。其中，华北、东北、华东、华中 4 个区域电网和南方电网已经形成 500kV 的骨干网架，西北电网在 330kV 网架的基础上，建设 750kV 的网架。区域电网的建设与发展，推进了全国联网的步伐。全国电网已经形成了北中南三大输电通道：北通道已经形成由山西、蒙西向京津唐和河北电网输电的 9 回 500kV 线路；中通道由两条 ±500kV 直流线路，一条 ±800kV 直流线路将包括三峡、川渝在内的华中主网的电力输送到华东地区；南通道已形成"三交两直"五条送电通道，将云南、贵州、广西三省区的电力输送到广东。

全国各大区域电网之间联网线路已经逐渐形成了"四交四直"8 条联网线路，即连接华中、华东的两条 ±500kV 超高压直流线路，一条 ±800kV 特高压直流线路；连接东北、华北的双回超高压 500kV 的交流线路；连接华北、华中电网的一条 500kV 超高压交流线路和一条 1000kV 的特高压交流线路，连接华中与南方电网的一条 ±500kV 超高压直流线路。全国联网的规模和交流同步网的规模都取得了辉煌的成就。因此，中国电网"西电东送，南北互供，全国联网"的格局已经逐渐形成。

三、中国输电网的发展与前景

国民经济的持续发展，激励着电力工业的不断发展，也推动了电网建设的不断发展。电网发展到一个新阶段，也要面临新的挑战。建设资源节约型、环境保护型的社会，节能、减排是现在社会对环境保护提出来的新主张。电网的建设与发展，不仅要适应国民经济发展要求，也要适应社会发展。中国电网的建设与发展不仅仅从技术上要不断更新，也要从资源优化配置方面不断优化。

（1）建设特高压智能电网。"十二五"期间是中国特高压电网发展的重要阶段，在特高压交流试验示范工程的基础上，需要加快"三华"特高压交流同步电网建设。2015 年，"三华"特高压电网形成"三纵三横一环网"，还将建成 11 回特高压直流输电工程。

在特高压交流工程方面，锡盟、蒙西、张北、陕北能源基地通过三个纵向特高压交流通道向"三华"送电，北部煤电、西南水电通过三个横向特高压交流通道向华北、华中通道和长三角特高压环网送电。其中，"三纵"为锡盟—南京、张北—南昌、陕北—长沙3个纵向输电，"三横"为蒙西—潍坊、晋中—徐州、雅安—皖南3个横向输电通道。此外还建设了淮南—南京—泰州—苏州—上海—浙北—皖南—淮南长三角特高压双环网。

在特高压直流工程方面，"十二五"期间，配合西南水电、西北华北煤电和风电基地开发，建设锦屏—江苏等11回特高压直流输电工程，建成青藏直流联网工程，满足西藏供电，实现西藏电网与西北主网联网。

国家电网的目标是到2020年建成以"三华"特高压同步电网为中心，东北特高压电网、西北750kV电网为送端，联结各大煤电基地、大水电基地、大核电基地、大可再生能源基地，形成各级电网协调发展的坚强智能电网。国家电网将其全新战略"统一坚强智能电网"定义为以"统一规划、统一标准、统一建设"为原则，以特高压电网为骨干网架，各级电网协调发展，具有信息化、自动化、互动化特征的国家电网。

（2）提高输电技术，推进新技术应用。灵活交流输电，发展直流输电、建设紧凑型输电线路，推广高温超导输电技术，这些传统的输电理论与先进的输电技术，也将为中国电网的建设提供发展方向。

（3）加强电网建设，实现跨省、跨区电网平衡。电网建设中，输电线路的等级不断提高，电网的规模不断增大，区域联网不断扩大。区域电网之间的供用电需求各显区域特点，电网建设发展过程中要不断地实现资源优化配置，增强电网的供配电能力，实现区域电网之间的平衡发展。

学习任务 1.2　架空输配电线路的组成

【任务描述】
（1）描述输配电线路的分类方法及类别；

（2）描述输配电线路的组成及各部分作用，并画出简单的结构示意图。

【任务准备】
（1）基础的形式有哪些？

（2）杆塔按其作用不同有哪些形式？

（3）导线和避雷线是如何分类的？

（4）金具是如何分为6类的？

（5）接地装置由哪几部分组成？

【任务实施】
明确任务目标，对各项任务进行整理和归纳，完成相关任务。

【相关知识】
一、架空输配电线路的分类

按照不同的分类要求，最常见的输配电线路分类有以下几种。

1. 按输送电流种类分类

按输送电流的种类可分为交流输配电线路和直流输配电线路，目前中国广泛采用的是工频交流输电。直流输电是当前正在发展的一种输电的方式，直流输电即将发电厂发出的交流电通过换流站（整流站）转换为直流电，然后通过输电线路输送到用户区域，再将直流电通过换流站（逆变站）逆变为交流电供给用户使用。直流输电线路与交流输电线路相比，直流输电线路只需要两根导线，采用大地或海水作回路只用一根导线，所以直流输电线路消耗的金属和绝缘材料少、功率损失减小；此外直流输电线路还具有工程造价低、运行费用少、运行稳定性好等优点。但由于直流输电的交直流换流设备价格昂贵、高压直流开关技术尚不够成熟等原因，限制了直流输电技术应用。在未来随着技术的不断进步和成熟，直流输电技术将会得到更为广泛的应用。

2. 按线路电压等级分类

电力线路按电压等级可以分为输电线路和配电线路。电压等级在 110kV 及以下的电力线路称为配电线路，配电线路按电压等级可分为高压配电线路［110、63（66）、35kV］、中压配电线路（20、10、6、3kV）、低压配电线路（380/220V）三种。电压等级在 220kV 及以上的电力线路称为输电线路，输电线路按电压等级可分为高压输电线路（220kV）、超高压输电线路（330、500、750kV）、特高压输电线路（1000kV 及以上）三种。通常所说的输电线路指电压等级在 220kV 及以上的输电线路。

3. 按杆塔上回路数分类

电力线路按杆塔上的回路数分类如下。

（1）单回路线路，杆塔上只有单回三相导线以及架空地线；

（2）双回路线路，杆塔上只有两回三相导线以及架空地线；

（3）多回路线路，杆塔上有三回以上三相导线以及架空地线。

4. 按杆塔的材料分类

电力线路按杆塔的材料分类如下。

（1）铁塔线路。铁塔线路是以角钢或钢管组合的铁塔作为支持物。铁塔线路使用的钢材比较多、投资较大，其占用土地面积少、机械强度高、使用年限长、整齐美观。因此在电力线路中大多采用铁塔线路。

（2）钢筋混凝土杆线路。钢筋混凝土杆线路是以钢筋混凝土电杆作为支持物。钢筋混凝土杆节省了大量钢材，工程造价较低，但其拉线占用土地面积较多，且施工过程中运输较困难。

（3）轻型钢杆线路。轻型钢杆线路是采用较小的型钢分段组合成的带拉线的轻型钢结构架作为支持物，其质量较轻、便于运输，大多用于高山峻岭和交通运输不便的地区。目前由于电力线路输送的容量不断增大、导线截面也不断增大以及分裂导线的广泛应用等，轻型钢杆已不能满足线路运行的要求，所以轻型钢杆在电力线路中已很少使用。

（4）锥形钢管线路。锥形钢管线路是以分段连接的锥形钢管单杆作为支持物，其主要优点是占地面积少、整齐美观、方便在市区内架设输电线路。

（5）混合杆塔线路。混合杆塔线路是以铁塔、钢筋混凝土杆或轻型钢结构杆等作为支持物，其主要特点是杆塔类型多、便于施工。

此外，电力线路还可以根据每相导线子导线数的不同分为双分裂、三分裂、四分裂、六分裂、八分裂线路等。

二、架空输配电线路的组成

架空输配电线路一般由基础、杆塔、导线、避雷线（地线）、绝缘子、金具、接地装置等部分组成。

1. 基础

基础指杆塔的地下部分，用于稳固杆塔的装置。

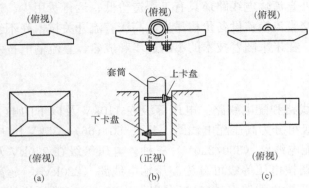

图 1-1　混凝土电杆基础三盘图

(a) 底盘；(b) 卡盘；(c) 拉线盘

基础的作用为承受导线、地线、断线张力等所产生的上拔、下压或倾覆力，将荷载传递给土壤。杆塔基础分为电杆基础和铁塔基础两大类。

（1）混凝土电杆基础。混凝土电杆基础由承受下压荷载的基础（底盘）和承受倾覆荷载的拉线基础（拉盘或重力式拉线基础）及卡盘等组成。底盘、卡盘和拉线盘统称为电杆基础的"三盘"，如图 1-1 所示。

（2）铁塔基础。铁塔基础类型较多，根据铁塔类型、地形地质、承受荷载及施工条件不同，一般采用以下几种类型。

1）现浇混凝土基础。现浇混凝土基础可分为钢筋混凝土基础和无筋混凝土基础两种，又可分为插入式基础和地脚螺栓基础。插入式基础的特点是铁塔主材直接斜插入基础，与混凝土浇成一体，可省去地脚螺栓、塔腿等，节约钢材、受力合理。地脚螺栓基础是在现浇混凝土基础时，埋设地脚螺栓，通过地脚螺栓与塔腿相连，塔腿与基础分开。现浇混凝土铁塔基础如图 1-2 所示。

2）装配式基础。装配式基础由单个或多个部件拼装而成的预制钢筋混凝土基础、金属基础和混合结构基础。预制钢筋混凝土基础是将混凝土底板和立柱预先制作好，然后运至现场安装在基坑中的一种基础。预制基础单件质量不宜过

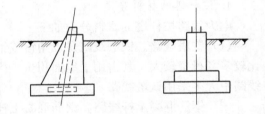

图 1-2　现浇混凝土铁塔基础

大，否则人力运输比较困难。预制基础适合缺少砂石、水或冬季不宜现场浇制混凝土时使用。金属基础是用钢材组合成的一种基础，适合高山地区交通条件极为困难的塔位。金属基础一般是由角钢设计成格构式的基础，铁塔主材的下段也是基础的一部分。装配式铁塔基础如图 1-3 所示。

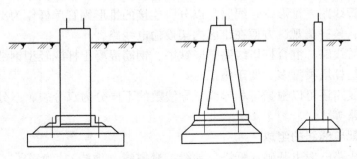

图 1-3　装配式铁塔基础

3）掏挖式基础。掏挖式基础指用人工或机械挖成扩底土模后，把钢筋骨架放入土模内，然后注入混凝土而制成的基础，适用于掏挖和浇注混凝土过程中无水渗入基坑的黏性土。掏挖式基础是利用天然土体的强度和质量来维持上拔稳定的，具有较大的横向承载力，如图1-4所示。

4）岩石锚桩基础。岩石锚桩基础指在山区岩石地带，利用岩石的整体性和坚固性代替混凝土基础，一般分为直锚式、承台式、嵌固式、拉线式和自锚式等。岩石基础如图1-5所示。

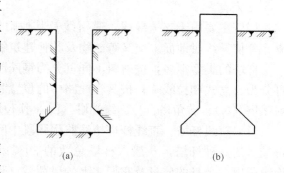

图1-4　掏挖式基础

(a) 开挖时的基坑；(b) 成型后的布置

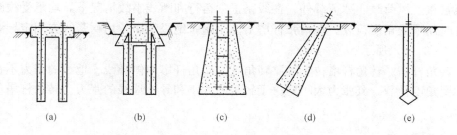

图1-5　岩石基础

(a) 直锚式；(b) 承台式；(c) 嵌固式；
(d) 拉线式；(e) 自锚式

5）钻孔灌注桩基础。钻孔灌注桩基础指用专门的机具钻（冲）成较深的孔，以水头压力和泥浆护壁，放入钢筋骨架后，在水下浇筑混凝土的基础。灌注桩基础是深型基础，适用于地下水位较高的黏性土和砂土等地基，特别是跨河位塔。灌注桩基础分为等径灌注桩和扩底短桩两种，钻孔灌注桩基础如图1-6所示。

6）桩台式基础。桩台式基础应用于地耐力很差的淤泥土质塔基，先打入适当数量的混凝土桩，然后在桩顶部浇灌混凝土承台，如图1-7所示。

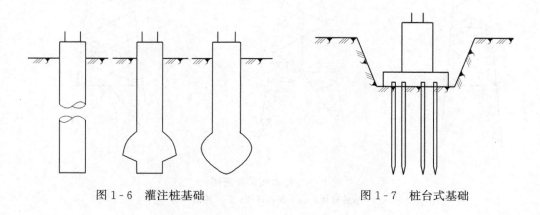

图1-6　灌注桩基础　　　　　图1-7　桩台式基础

2. 杆塔

杆塔主要用于支撑导线、避雷线及其他附件，使导线及避雷线之间保持一定的安全距离，并使导线对地面、交叉跨越物及其他建筑物保持允许的安全距离。

杆塔的类型很多，按材料不同可分为钢筋混凝土电杆和铁塔；按整体稳定受力特点不同可分为自立式和拉线式；按其在线路中的位置和作用不同可分为直线塔（Z）、跨越塔（K）、耐张塔（N）、转角塔（J）、终端塔（D）、换位塔（H）等。

（1）直线杆塔。直线杆塔指线路耐张段中间部位上的杆塔，又称中间杆塔，是线路中用得最多的一种杆塔，一般占杆塔总数的 80% 以上。在正常运行下，仅承载导线、避雷线、绝缘子串、金具的质量及它们之上的风荷载。只有在杆塔两侧档距相差悬殊、高差很大或一侧发生断线时，直线杆塔才承受相邻两档导线的不平衡张力。一般情况下，不承受角度荷载，直线杆塔如图 1-8（a）所示。

（2）耐张杆塔。耐张杆塔位于线路耐张段的两端，能限制故障范围、承受较大荷载。除承受导线自重、风荷载、冰荷载外，在线路正常运行和断线事故情况下，均承受线路方向的张力，有时还承受角度荷载。在耐张杆塔上使用耐张绝缘子串，用耐张线夹固定导线。耐张杆塔如图 1-8（b）所示。

（3）转角杆塔。转角杆塔位于线路转角处，转角杆塔两侧导线、地线的张力不在一条直线上，承受角度荷载，其张力大小取决于转角的大小和导、地线的张力。转角杆塔如图 1-8（c）所示。

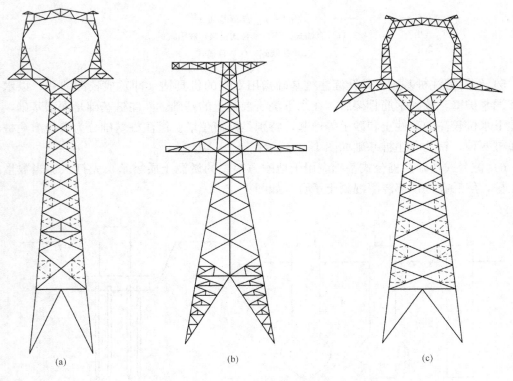

(a)　　　　　　　　　　　　(b)　　　　　　　　　　　　(c)

图 1-8　输电线路杆塔图

（a）直线杆塔；（b）耐张杆塔；（c）转角杆塔

（4）跨越杆塔。跨越杆塔位于线路与河流、山谷、铁路等交叉跨越的地方，跨越杆塔分为直线型和耐张型两种。当跨越档距很大时，需要采用特殊设计的耐张型跨越塔杆，其高度和强度比一般杆塔高很多。

（5）终端杆塔。终端杆塔位于线路首末端，即变电站进线、出线的第一基杆塔，是一种承受单侧拉力的耐张杆塔，此类杆塔一般兼有转角作用。

（6）换位杆塔。换位杆塔位于线路换位处，为平衡三相导线的电气参数而隔一定距离设置的杆塔。

近年来，随着输变电工程的迅速发展，出现了一些新型杆塔。如高强度环形部分预应力混凝土电杆、拔梢多边形（含圆形）钢管杆塔和薄壁离心钢管混凝土电杆等。

3. 导线

导线是悬挂在杆塔上用来输送电能的金属线。导线的作用是传输电流，担任输送电能的任务，它要求具有良好的导电性能和足够的机械强度，同时也应有耐磨、耐折、防腐、轻质、价廉的特点。常用的导线材料是铜、铝、铝合金等。

（1）导线结构形式。导线从结构形式上可分为简单绞线、组合绞线和特种绞线。简单绞线是由材质相同、线径相等的线材绞制而成，如铝绞线、钢绞线等；组合绞线是由导电部分的线材和增加强度的芯线组合方式绞制而成，如钢芯铝绞线等；特种导线是由不同材料或不同形状的线材用特种组合方式绞制而成，如扩径导线、自阻尼导线、分裂导线等。

（2）常用导线种类。

1）硬铜线。硬铜线可分为硬圆铜单线（TY 型）和硬铜绞线（TJ 型）两种，它们的导电性能很好，但资源有限、造价昂贵，架空输电线路一般不采用。

2）硬铝绞线（LJ 型）。导电性能稍差于铜线，但资源较多、造价也低。铝绞线强度较低，架空输电线路一般不采用。

3）钢芯铝绞线（LGJ 型）。钢芯铝绞线内层（或芯线）为单股或多股镀锌钢绞线，主要用来承受张力；外层导线为单层或多层硬铝绞线，为导电部分。这是目前架空输电线路普遍选用的一种导线。钢芯铝绞线除了一般的钢芯铝绞线（LGJ 型）外，还有轻型钢芯铝绞线（LGJQ 型）和加强型钢芯铝绞线（LGJJ 型）。

4）钢芯铝合金绞线（HL4GJ 型）。钢芯铝合金绞线先以铝、镁、硅合金拉制成圆单线，再将这种多股的单线绕着内层钢芯绞制而成。其抗拉强度比普通钢筋铝绞线高约 40%，电导率及质量接近铝线，适用于大跨越地区的线路。

5）铝包钢绞线（GLJ 型）。铝包钢绞线是以单股钢线为芯，外面包以铝层，做成的单股或多股绞线，铝层厚度及钢芯直径可根据工程实际需要与厂家协商制定。此类导线价格较高、电导率较差，适合于大跨越的线路及架空地线高频通信使用。

6）镀锌钢绞线（GJ 型）。镀锌钢绞线机械强度高，一般只用作架空避雷线及杆塔拉线。目前架空输电线路的避雷线普遍选用镀锌钢绞线。

4. 避雷线

避雷线又称架空地线，是悬挂在导线上方的一根或两根金属线，其作用是防止雷电直击架空导线，并在架空导线受到雷击时起到分流、耦合和屏蔽的作用，使线路绝缘子所受的过电压降低，一般情况下，110kV 以上的输电线路要求全线架设避雷线。常见的输电线路避雷线有以下四种类型。

(1) 一般避雷线。一般架空避雷线主要材料是镀锌钢绞线。为使避雷线有足够的机械强度，其截面的选择是根据导线截面来决定的，可按 DL/T 5092—1999《（110～500）kV 架空送电线路设计技术规程》的规定进行选择。20 世纪 90 年代，中国市场上出现了 5% 铝锌稀土合金镀层钢绞线，耐腐性能明显好于一般镀锌绞线，综合力学性能也好于普通镀锌钢绞线，已被许多工程采用。

(2) 绝缘避雷线。绝缘避雷线与一般架空避雷线一样，但不同的是它采用带放电间隙绝缘子，把避雷线与杆塔绝缘起来，雷击时利用放电间隙引雷电流入地。这样对防雷作用毫无影响，还可以利用其作为载波通信的通道，也便于测量杆塔的接地电阻及降低线路的附加电能损耗。

(3) 屏蔽避雷线。屏蔽避雷线可防止输电线路本身的电磁感应对附近的通信线路产生影响。其主要材料是屏蔽系数小于或等于 0.65 的优良导电线材。目前一般多采用 LGJ‐95/55 型钢芯铝绞线。因屏蔽避雷线耗费有色金属多和投资造价比钢绞线高，所以只在输电线路对重要通信线路有较大影响时才考虑使用。

(4) 复合光纤避雷线。复合光纤架空避雷线是一种先进的技术，既起到架空避雷线的防雷保护和屏蔽作用（外层铝合金绞线），又起到抗电磁干扰的通信作用（芯线的光导纤维）。因此在电网中使用复合光纤架空避雷线，可大大改善电网中的通信传感系统，但造价较高，目前只能视其必要性选用。复合光纤架空避雷线的架设形式可分为以下两种。

1) 在已架设好的架空输电线路的某根避雷线上按一定的节径比缠绕 WWOP 型光纤电缆。原架空避雷线仍起到防雷保护作用又起到支撑光纤电缆作用（WWOP 型光纤电缆很轻，原架空避雷线完全可以支承）。因光纤是一种电气绝缘性能很好的理想信息传递媒体，有耐腐蚀性、耐高压等特性，能与原架空避雷线共存。

2) 在新架设的输电线路上，架设一根 OPGW 型复合光纤架空电缆作为一根避雷线，另一根仍架设一般的避雷线。这种复合光纤避雷线是根据工程的实际需要向生产厂家定制的。

5. 金具

金具是架空线路上用于悬挂、固定、保护、接续架空线或绝缘子及在拉线杆塔的结构上用于连接拉线的金属器件。线路金具需要具有强度高、防腐性能好、连接可靠、转动灵活等特点，连接处应面接触，防止点接触。一般可分为悬垂线夹、耐张线夹、连接金具、接续金具、保护金具、拉线金具六大类。

(1) 悬垂线夹。悬垂线夹用于将导线固定在直线杆塔的绝缘子串上或将避雷线悬挂在直线杆塔上，也可用于在换位塔上支持换位导线以及耐张转角跳线的固定，如图 1‐9 所示。

(2) 耐张线夹。耐张线夹主要用于承力杆塔导地线的固定。根据使用和安装条件的不同，分为螺栓型和压缩型两类，如图 1‐10 所示。

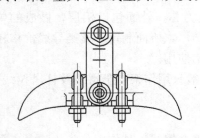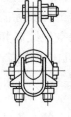

图 1‐9　悬垂线夹

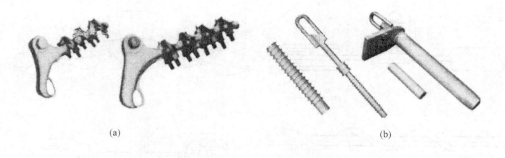

图 1-10　耐张线夹

(a) 螺栓型；(b) 压缩型

（3）连接金具。连接金具主要用于将悬式绝缘子组装成串，并将一串或数串绝缘子串连接、悬挂在杆塔横担上。悬垂线夹与绝缘子串的连接，拉线金具与杆塔的连接，也都使用连接金具。根据使用条件，分为专用连接金具和通用连接金具两大类。专用连接金具直接用于连接绝缘子，因此，连接部位的结构和尺寸与绝缘子相同；通用连接金具适用于各种情况的连接，并以荷重划分等级，荷重相同的金具有互换性。部分连接金具如图 1-11 所示。

（4）接续金具。接续金具主要用于架空线路导地线的连接，非直线杆塔跳线的接续及导线补修等，一般分为全张力接续金具和无张力接续金具两部分，如图 1-12 所示。

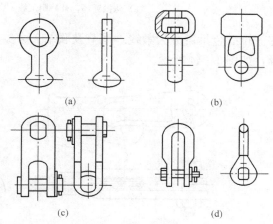

图 1-11　连接金具

(a) 球头挂环；(b) 碗头挂板；

(c) 直角挂板；(d) U 形挂环

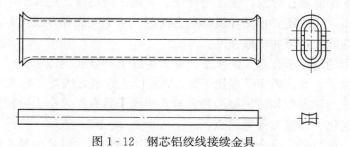

图 1-12　钢芯铝绞线接续金具

（5）保护金具。保护金具分为机械保护金具和电气保护金具两类。机械保护金具指安装在导线上作机械性质保护的金具，如防振锤预绞丝护线条、间隔棒等；电气保护金具指从电晕和沿面闪络角度的绝缘子进行保护的金具，如均压环、屏蔽环、招弧角等。保护金具如图 1-13 所示。

（6）拉线金具。拉线金具用于固定拉线杆塔，包括从杆塔顶端引至地面拉线之间所有零

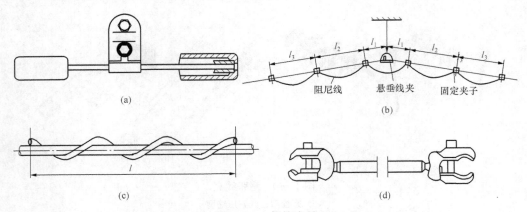

图 1-13　保护金具

(a) 防振锤环；(b) 阻尼线；(c) 预绞丝护线条；(d) 间隔棒

件。拉线金具可分为紧线、调节及联结三大类，如楔形线夹、UT 形线夹、拉线用 U 形挂环等，如图 1-14 所示。

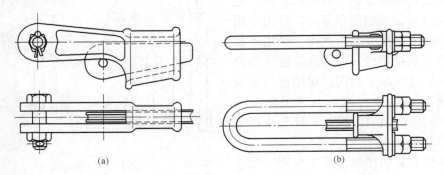

图 1-14　拉线金具

(a) 拉线楔形耐张线夹；(b) 拉线 UT 形耐张线夹

6. 绝缘子

绝缘子用于支持或悬挂导线，使之与杆塔、大地保持绝缘。绝缘子不但要求能承受工作电压和大气过电压，同时还要承受导线的垂直荷载、水平荷载和导线张力。因此，绝缘子必须有良好的绝缘性能和足够的机械强度。

电力线路常用的绝缘子有悬式绝缘子、棒式绝缘子和合成绝缘子。

(1) 悬式绝缘子。悬式绝缘子多用于 35kV 及以上的电力线路。悬式绝缘子有陶瓷的和钢化玻璃的，常分为普通型和防污型两种。悬式绝缘子具有尺寸小、机械强度高、电气性能好、寿命长、不老化、维修方便等优点。

悬式绝缘子一般与金具组合成绝缘子串，根据不同的用途可分为悬垂绝缘子串和耐张绝缘子串。悬垂绝缘子串以悬挂的方式支持导线，用于直线杆塔或转角跳线处。悬垂绝缘子串有单串、双串、V 形串、人字形串等几种形式。悬垂绝缘子串的数量应符合 DL/T 5092—1999《(110～500) kV 架空送电线路设计技术规程》中的规定。耐张绝缘子串以锚固的方式支持导线，用于承力杆塔。耐张绝缘子串有单串、双串、三串、四串等多种形式。安装时，耐张串可正挂也可倒挂，耐张串绝缘子串数量一般比同等电压悬垂绝缘子多 1～2 串。

悬式绝缘子如图1-15（a）所示。

（2）棒式绝缘子。棒式绝缘子是一个瓷质整体，可以代替悬垂绝缘子，其优点是质量轻、长度短、省钢材、降低杆塔高度，缺点是制造工艺复杂、成本高、运行中易于振动而断裂。棒式绝缘子如图1-15（b）所示。

（3）合成绝缘子。合成绝缘子也称复合绝缘子，由伞盘、芯棒及金属端头三部分组成。它具有很高的防污闪电压、抗拉强度，而且体积小、质量轻。此外，芯棒还具有良好的减振性、抗蠕变性及抗疲劳断裂性。合成绝缘子如图1-15（c）所示。

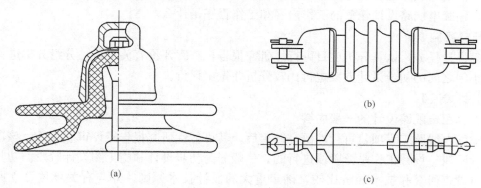

图1-15 绝缘子
（a）悬式绝缘子；（b）棒式绝缘子；（c）合成绝缘子

7. 接地装置

接地装置用来将雷电流引入大地，保护线路免遭直击雷的破坏。接地装置包括接地体和接地引下线。接地体是埋设于杆塔基础周围土壤中的圆钢、扁钢、钢管或其他组合结构，与避雷线或直接与杆塔的金属构件相连接。当雷击杆塔或避雷线时，将雷电流引入大地，防止雷电击穿绝缘子。接地装置应根据土壤电阻率的大小进行设计。

铁塔本身是导体，可兼作引下线，不需另加引下线；混凝土电杆需要用圆钢或钢绞线敷设引下线，或用脚钉管、爬梯作引下线，不宜用混凝土电杆中的钢筋作引下线，如图1-16所示。

（a）   （b）

图1-16 铁塔接地装置
（a）圆钢接地；（b）扁钢接地

学习任务 1.3　输配电线路设计的一般内容和步骤

【任务描述】

根据某架空输配电线路新建工程可行性研究报告及有关资料，完成工程项目初步设计。

【任务准备】

(1) 输配电线路设计任务分哪两个阶段进行？

(2) 输配电线路设计任务的工作内容和工作程序是什么？

【任务实施】

明确设计任务，认真分析项目可行性研究报告，查阅评价有关资料，分组分工进行初步设计，小组之间的初步设计方案进行比较分析并做出评价。

【相关知识】

一、输配电线路设计的一般内容

某输配电线路工程项目可行性研究结束后，其可行性研究报告经评审立项后，该项目即进入设计阶段。设计工作是分阶段进行的，一般分为初步设计和施工图设计阶段。初步设计主要通过调查研究和技术经济比较，确定重大的设计技术原则，并与有关单位订立原则协议。了解线路起讫点、路径、导地线型号等，估算土石方量、主要材料消耗，初步确定主要经济技术指标、建设工期等。了解施工图设计的顺利开展，使施工图的设计能建立在可靠的基础上，避免不必要的返工，造成人力、物力等资源浪费。施工图设计是初步设计的具体施工安排，预绘制施工详图，是工程施工的依据，也是工程项目建成后运行维护工作的基础资料。本学习任务主要介绍初步设计的内容。

架空输配电线路设计的一般工作，主要包括以下内容。

(1) 输配电线路路径的选择。包括室内选线定位、现场踏勘、现场定测、室内排杆定位等几个阶段。

1) 室内选线定位。该阶段的主要任务是做好前期准备工作，包括取得各种所需资料并在线路图上涉及线路方案。输电线路路径选择现已大量使用卫片、航片、全数字摄影测量系统等航测新技术，测绘单位有各种比例的航测图。选择地形图时最好选择较新的版本，比例要切合实际。对于长距离输配电线路比列选取 1：5000 或 1：10000 均可；对于 3～10km 间的输配电线路，场地外地形图最好选择比例为 1：5000 的，参考此比例的图纸既可把握全局又可兼顾局部。线路路径方案设计以 2～3 个方案为宜。根据工程实际经验，此时的工作重点应放在线路的走向及耐张杆塔的定位上，同时要考虑线路的总长、耐张段的长度、转角角度参数设计要合理。

2) 现场踏勘。现场踏勘是线路设计中重要的一步，一条线路设计的合理与否，关键看此阶段的工作。在这个阶段，首先需要对室内选线定位的 2～3 个路径方案进行经济技术比较，并选择其中一个最优的方案。其次是对沿线的地形地貌及地质情况、线路通过拥挤地段及与各种物体距离情况、线路交叉跨越处的被跨越物的具体情况进行现场了解和核对。

3) 现场定测。现场定测就是各控制点的定位、沿线交叉跨越的高度及线路与邻近物体的距离的测量。

4) 室内排杆定位。在这个阶段主要是通过计算机辅助设计工具来完成。使用专用的线路设计程序，通过计算机制作各种模板，使用模板直接进行排杆定位并生成最终的线路平断面图，计算校验杆塔受力并绘制出受力图，同时准确地在平断面图中标示出各交叉跨越物与设计线路的距离。

（2）确定气象条件。气象条件的参数包括风速、覆冰厚度、气温、空气湿度、雷电活动的强弱等，其中风速、覆冰厚度及气温，称为设计气象条件三要素。

（3）编制导线的机械应力计算原则（指安全系数、平均运行应力等）及应力弧垂曲线的确定。

（4）选择杆塔的形式及计算杆塔的荷载。除标明结构形式和尺寸外，还应注明其使用条件及估算的材料量。

（5）选择绝缘子串和金具。包括绝缘子机械强度的安全系数和金具强度安全系数的校验。

（6）计算通信干扰及危险影响。根据实测或估算的大地电导率进行计算，为确定路径方案提供依据。

（7）制定原则协议。与交叉跨越、规划发展、环境保护等有关单位订立相关的原则协议。

（8）提出线路经济技术指标。

（9）开列材料清单。

（10）编制工程概预算书。

（11）其他特殊问题。根据工程的实际情况，可能会出现下列具体情况：①考虑采用新技术或者新的标准；②特殊大跨越的设计原则；③为配合路径方案的选择，进行有关通信干扰及危险影响的计算；④与导线使用应力相适应的导线防振措施；⑤防雷措施及接地计算；⑥避雷线的绝缘和利用问题；⑦导线的换位问题；⑧污秽地区的设计原则；⑨环境保护的原则等。关于导线的截面及其他一些与系统有关的问题，一般应在接受任务时明确，但有时也需要在设计纲要中重新加以考虑。至于杆塔和导线的结构形式，当然应在设计中结合当地的地理环境、气象条件和地形状况加以综合考虑确定。

二、输配电线路设计的工作程序

（1）接受任务时，应明确高压架空线路建设的目的以及在系统运行中的作用，还要明确线路起讫点及支接点、电压等级和导线截面积等。

（2）接受任务后，首先着手搜集地形图，根据已掌握的资料在图上进行路径方案的初选。经过比较，在图上确定几个可行的方案，然后进行工作。

（3）针对图上选定的几个路径方案进行搜集资料、踏勘和协议工作。

（4）根据图上选定的几个路径方案进行大地导电率的测量（或估计），估计通信干扰及危险影响的程度，提出对路径选择的注意事项（接受任务时，应要求系统方面尽快提出单相接地短路电流曲线）。

（5）在上述工作的基础上选定路径方案。

（6）在搜集气象资料的基础上选定工程设计采用的气象条件，并编制导线及避雷线的特性曲线。

（7）经过对选取路径的初步踏勘，在对线路经过地区地形特点有初步认识的基础上，定出工程中采用的基本杆型。为提出线路的技术经济指标，需计算杆塔的荷载条件，便于进行常用杆塔的设计（在一般为 35～110kV 输电线路中，所应用的杆型，均可套用现有标准设计或其他工程使用过的杆型，故在初步设计中，一般都不进行杆型的具体设计和计算）。

（8）金具和绝缘子串的设计。

（9）开列材料清单。

（10）提出线路的技术经济指标。

（11）提出说明书及有关附图。

以上概略描述了初步设计程序，在实际工作中一定会有不少交叉和反复。

习 题 与 思 考 题

1-1　名词解释：（1）电力系统；（2）电力网；（3）输电线路。

1-2　架空输电线路按电压等级是如何分类的？

1-3　什么是直流输电？直流输电有何特点？

1-4　架空输电线路一般由哪几个部分构成？各有什么作用？

1-5　铁塔的基础有哪些形式？

1-6　杆塔一般有哪些形式？

1-7　什么是钢芯铝绞线？钢芯铝绞线有哪几种形式？其型号分别如何表示？

1-8　避雷线一般有哪几种类型？

1-9　线路金具一般有哪几种？

1-10　简述输电线路施工的工艺流程。

1-11　输电线路在电力系统中处于什么地位？它是如何将电力系统的各个部分连成一个整体的？

1-12　架空输配电线路设计的主要内容有哪些？

学习情境 2

架空线路导线截面的选择

【情境描述】

电力网中所用的导线，不仅对电力网所需的有色金属消耗量及投资有很大影响，而且在电力网运行中对供电的安全可靠和电能质量有重大意义。电力网导线截面的合理选择，对电力网运行的经济性和技术上的合理性具有重要意义。

电力网导线截面可以根据不同的原则选择，截面选择考虑的因素包括电流大小、电压等级、材料材质等。

选择截面过大的导线，不仅将增大投资，还将增加有色金属消耗量；选择截面过小的导线，在运行时将在电力网中造成过大的电压损耗和电能损耗，致使导线接头处温度过高。因此导线截面的合理选择，是线路设计中一个重要的内容。

【教学目标】

知识目标：

（1）了解输配电线路导线的选择原则；

（2）掌握输配电线路导线截面选择的计算及校验；

（3）熟悉输配电线路导线的选择方法。

能力目标：

（1）能熟练选择输配电线路导线的截面及做相应的校验；

（2）根据实际工程的需要，合理选择和设计输配电线路的导线形式。

态度目标：

（1）能主动学习，在完成任务过程中发现问题，分析问题和解决问题；

（2）勤于思考，善于分析与总结问题；

（3）具有团队意识和团队协作的能力，能够协同团队成员共同完成学习任务；

（4）具有不怕苦、不怕累的职业精神，能够通过团结合作树立良好的职业品质。

【教学环境】

多媒体教室、一体化教室等。

【任务描述】

如图 2-1 所示，一条额定电压为 110kV 的双回架空电力线路，线路长度 60km，线间几何均距为 5m，线路末端负荷为 30MW，功率因数 $\cos\varphi = 0.85$，年最大负荷利用时间 $T_{zd} = 5500\text{h}$，试选择导线的截面。

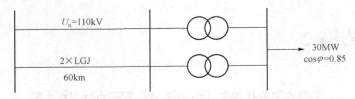

图 2-1　双回架空电力线路示意图

⚙【任务准备】

（1）电力网架空导线截面的选择中应考虑哪些因素？

（2）如何确定符合总的经济利益的架空导线截面？

（3）选择架空导线必须满足的原则是什么？

（4）架空线路导线截面选择的方法应用。

≈【任务实施】

1. 按经济电流密度选择导线截面步骤

（1）求取线路需输送的电流；

（2）根据最大负荷使用时间，查出相应的经济电流密度 J；

（3）按照 $A = \dfrac{I_{zd}}{J}(\text{mm}^2)$ 计算经济截面并选择相应的导线；

（4）进行相应的校验。

2. 按电压损失条件选择导线截面步骤

（1）采用一定的平均电抗值；

（2）按式 $\Delta U_x = \sqrt{3}\sum(IX\sin\varphi) = x_0\dfrac{\sum Ql}{U_n} = x_0\dfrac{\sum pl}{U_n}$ 求出电抗中的电压损耗 ΔU_x；

（3）由线路总的容许电压损耗值 ΔU_{xu}，按式 $\Delta U_r = \Delta U_{xu} - \Delta U_x$ 求出电阻中的电压损耗 ΔU_r；

（4）按式 $A = \dfrac{\sqrt{3}}{\gamma \Delta U_r}\sum I\cos\varphi l$ 计算导线的截面，并选出最接近的标称截面，一般应使标称截面略大于计算截面；

（5）按求得的导线标称截面的实际值，计算线路中的实际电压损耗，如果实际电压损耗小于或等于容许电压损耗，则所选的截面可用，否则应改变导线截面进行核算，直至求出合适的导线截面。

▦【相关知识】

一、导线截面选择的一般要求

1. 选择导线的四个原则

（1）近距离和小负荷按发热条件选择导线截面（安全载流量），用导线的发热条件控制电流，截面积越小、散热越好，单位截面积内通过的电流越大。

（2）远距离和中等负荷在安全载流量的基础上，按电压损失条件选择导线截面，远距离和中等负荷中仅考虑导线不发热是不够的，还要考虑电压损失，要保证到负荷点的电压在合格范围内，电器设备才能正常工作。

（3）大档距和小负荷还要根据导线受力情况，考虑机械强度问题，要保证导线能承受拉力。

（4）大负荷在安全载流量和电压降合格的基础上，按经济电流密度选择，还要考虑电能损失，电能损失和资金投入要在最合理范围内才可。

2. 导线的安全载流量

为保证导线长时间连续运行所允许的电流密度称为安全载流量。

一般规定为铜线选 $5\sim8\mathrm{A/mm^2}$，铝线选 $3\sim5\mathrm{A/mm^2}$。

安全载流量还要由导线的芯线使用环境的极限温度、冷却条件、敷设条件等综合因素决定。

一般情况下，距离短、截面积小、散热好、气温低等，导线的导电能力强些，安全载流选上限；距离长、截面积大、散热不好、气温高、自然环境差等，导线的导电能力弱些，安全载流选下限。例如导电能力方面，裸导线强于绝缘线，架空线强于电缆，埋于地下的电缆强于敷设在地面的电缆等。

3. 经济电流密度

维持电力网正常运行时每年所支出的费用称为电力网年运行费。电力网年运行费包括电能损耗费、折旧费、修理费、维护费，其中电能损耗费、折旧费及修理费随导线截面积改变而改变，维护费则不随导线面积而变化。

如果导线截面积越大，导线中功率损耗和电能损耗就越小，但线路的初建投资增加，同时线路的折旧费、修理费和有色金属的消耗量也增加；如果导线截面积越小，则线路初建投资和有色金属消耗量就越小，而线路中的功率损耗和电能损耗必将增加。由此可见线路中的电能损耗和初建投资都影响年运行费，若只强调一个方面，片面增加或减少导线截面积都不经济。综合考虑各方面因素定出符合总经济利益的导线截面积，称为经济截面积；对应于经济截面积的电流密度，则称为经济电流密度。中国现行的经济电流密度见表 2-1。

表 2-1　　　　　　　　中国现行的经济电流密度值　　　　　　　　（A/mm²）

导线材料	最大负荷使用时间 T_{zd}(h)		
	3000 以下	3000~5000	5000 以上
铜裸导线和母线	3.0	2.25	1.75
铝裸导线和母线、钢芯铝线	1.65	1.15	0.9
铜芯电缆	2.5	2025	2.0
铝芯电缆	1.92	1.73	1.54

二、按经济电流密度选择导线截面

架空送电线路的导线截面，一般是按经济电流密度来选择。

按经济电流密度选择导线截面时，首先必须确定电力网的计算传输容量（电流）及相应的最大负荷使用时间。确定电力网的计算传输容量，实质上是确定计算年限问题。因为电力网的负荷是逐年增长的，所以在选择传输容量时，应考虑电力网投入运行后 5~10 年的发展远景。

电力网的最大负荷使用时间，一般是根据电力网所输送负荷的性质决定的，见表 2 - 2。对于往返送电的电力网，其最大负荷使用时间等于往返输送电量的总和除以输送的最大负荷。

表 2 - 2　　　　　　　　　　各类负荷的最大负荷利用小时 T_{zd}

负荷类型	T_{zd}(h)	负荷类型	T_{zd}(h)
户内照明及生活用电	2000～3000	三班制企业用电	6000～7000
单班制企业用电	1500～2200	农业用电	2500～3000
两班制企业用电	3000～4500		

当已知最大负荷电流 I_{zd} 和相应的最大负荷使用时间 T_{zd} 后，可在表 2 - 1 中查出不同材料导线的经济电流密度 J，并按下式计算导线的经济截面 A

$$A = \frac{I_{zd}}{J}(\text{mm}^2) \tag{2-1}$$

再根据计算所得的导线截面，再选择最适当的标准的导线截面。

三、按发热条件校验导线截面

选定的输配电线路的导线截面，必须根据不同运行方式以及事故情况下的输送电流进行发热校验。

当导线通过电流时，导线中产生电能损耗，结果使导线发热、温度上升，因而使导线与周围介质产生一定温差。温差的大小与通过导线的热量有关，电流越大，导线与周围介质温差越大。当温差达到一定数值时，导线所产生的热量等于周围介质散发的热量，此时导线的温度不再上升，达到热稳定状态。

由于导线的温度过高，使导线连接处加速氧化，从而增加了导线的接触电阻。接触电阻的增大，使导线连接处更加发热又引起温度升高的恶性循环。对于架空线路，温度升高会使弛度过大导致导线对地距离不能满足安全距离的要求，可能发生事故。对于电缆和其他绝缘导体，温度升高会使导线周围介质加速老化，甚至损坏。所以，在选择导线截面时，为电力网能安全可靠地运行，导线在运行中的温度不应超过其最高允许温度。

一般情况下，铝及钢芯铝线在正常情况下的最高温度不超过 70℃，事故情况下不超过 90℃。对各种型号的绝缘导体，其允许工作温度为 65℃。

在热平衡条件下，通过导线的电流与温升关系的表达式为

$$I^2 R = KF(t_{rz} - t_0) \tag{2-2}$$

$$I = \sqrt{\frac{KF(t_{rz} - t_0)}{R}} \tag{2-3}$$

式中　I——导线长期容许电流，A；

　　　R——导线在温度为 t_{rz} 时的电阻，Ω；

　　　K——散热系数，W/（cm^2·℃）；

　　　F——导体的散热表面积，cm^2；

　　　t_{rz}——导体容许的最高温度，℃；

　　　t_0——周围介质的温度，℃。

为使用方便，工程上都预先根据各类导线容许长期工作的最高允许温度为 +70℃ ，确

定其长期容许载流量，见附表 C-1。

附表 C-1 中的长期容许载流量值，对于敷设在空气中的裸导线和绝缘导线，其周围环境温度按 25 ℃ 计算。当介质的实际温度（最热月平均最高温度）不同于上述数值时，各类导线的长期容许载流量应乘以相应的修正系数。

四、按电压损耗选择导线截面

在地方电力网中，为保证负荷端的电压偏移不超过容许范围，必须按电压损耗来选择导线截面。一般的配电网，特别是农村电网的导线截面均按容许电压损耗选择。

（一）电压损耗计算

电压损耗的计算公式

$$\Delta U = \sqrt{3}\sum(Ir\cos\varphi + Ix\sin\varphi) = \frac{\sum(Pr+Qx)}{U_n}$$
$$= \frac{\sum(pR+qX)}{U_n} = \Delta U_r + \Delta U_x \tag{2-4}$$

式中　ΔU_r——电阻上的电压损耗；

　　　ΔU_x——电抗上的电压损耗。

线路上的电压损耗是由导线的电阻和电抗决定。导线的电阻与导线截面成反比，而导线的电抗与导线截面关系较复杂，直接根据容许电压损耗求出导线截面是比较困难的。当导线截面增大时，其电阻减小很快，而电抗却减小得很慢。对一般架空配电线路平均电抗约为 $x_0 = 0.35\sim0.40\Omega/\text{km}$，其变化范围很小。因此，在计算电压损耗时，通常是假定导线的电抗和导线截面无关，即采用这类线路的平均电抗。于是可得

$$\Delta U_x = \sqrt{3}\sum(IX\sin\varphi) = x_0\frac{\sum Ql}{U_n} = x_0\frac{\sum ql}{U_n} \tag{2-5}$$

式中　x_0——线路的平均电抗，10kV 架空线路 x_0 取 $0.38\Omega/\text{km}$，35kV 架空线路 x_0 取 $0.42\Omega/\text{km}$，低压架空线路 x_0 取 $0.35\Omega/\text{km}$，对三芯式穿管导线 x_0 取 $0.38\Omega/\text{km}$；

　　　I——线路通过的电流，A；

　　$\sin\varphi$——线路通过电流的功率因数角的正弦值；

　　Q、q——线路通过的无功功率和各负荷的无功功率，kvar；

　　　l——线路的长度和各负荷到电源的线路长度，km；

　　　U_n——线路额定电压，kV。

如果总容许电压损耗为 ΔU_{xu}，则电阻上的容许电压损耗为

$$\Delta U_r = \Delta U_{xu} - \Delta U_x \tag{2-6}$$

（二）按电压损耗选择导线截面

导线截面的计算，可根据电阻中的电压损耗 ΔU_r 进行。

当线路干线导线截面相等时，其截面可根据电阻中的电压损失 ΔU_r 直接选择。电阻上的电压损耗 ΔU_r 与导线截面的关系为

$$\Delta U_r = \sqrt{3}\sum Ir\cos\varphi = \sqrt{3}r_0\sum I\cos\varphi l = \frac{\sqrt{3}}{\gamma A}\sum I\cos\varphi l \tag{2-7}$$

所以

$$A = \frac{\sqrt{3}}{\gamma\Delta U_r}\sum I\cos\varphi l \tag{2-8}$$

或用功率值表示

$$A = \frac{\sum Pl}{\gamma \Delta U_n U_r} = \frac{\sum pL}{\gamma \Delta U_r U_n} \tag{2-9}$$

式中　　r——线路电阻；

　　　　r_0——线路平均电阻；

　　　　A——导线截面，mm^2；

　　　$\cos\varphi$——线路通过电流的功率因数；

　　P、p——线路通过的有功功率和各负荷的有功功率，kW；

　　　　γ——导线材料的导电系数，$m/(\Omega \cdot mm^2)$。

五、按机械强度要求导线最小容许截面

由于架空线路架导线要经受外界各种环境条件的影响，因此要求导线必须具备足够的机械强度。对于跨越铁路、通航河流、公路、通信线路及居民区的线路，规定其导线截面不得小于 $35mm^2$，通过其他地区的导线截面，与线路类型有关，详见表 2-3。

表 2-3　　　　　　　　按机械强度的要求导线最小容许截面或直径　　　　　　　　（mm^2）

导线		架空线路等级		
构造	材料	Ⅰ	Ⅱ	Ⅲ
单股	铜	不许使用	10	6
	钢、铁	不许使用	3.5	2.75
	铝及铝合金	不许使用	不许使用	10
多股	铜	16	10	6
	钢、铁	16	10	10
	铝及铝合金、钢芯铝线	25	16	16

　　注　35kV 以上线路为Ⅰ级线路；1～35kV 线路为Ⅱ级线路；1kV 以下线路为Ⅲ级线路。

六、按电晕损耗条件要求导线最小允许直径

导线发生电晕时要消耗电能，增加线路损失，甚至使导线和线路金具表面烧毁。由于电晕放电具有高频振荡的特性，对附近通信设施有干扰作用，因此对于高海拔地区的超高压线路的导线截面的选择，主要取决于电晕条件，并要求线路在正常运行情况下，晴天不出现电晕。

导线发生电晕的情况与气候条件、海拔高度有很大关系；当外界条件相同时，导线是否发生电晕还与导线半径有关，半径越大，越不容易发生电晕。表 2-4 中，列出按电晕要求规定的导线最小直径。

表 2-4　　　　　　　　按电晕要求的导线最小直径（海拔不超过 1000m）

额定电压 （kV）	60 以下	110	154	220	330	
					单导线	双分裂导线
导线外径（mm）	不限制	9.6	13.68	21.28	33.2	2×21.28

七、架空线路导线截面选择方法的应用

对于 35kV 以上的架空送电线路，一般按经济电流密度选择导线截面，按照电压损耗选择导线截面的方法，主要适用于没有特殊调压设备的配电网中。无论采用哪种方法，所选择

的导线截面必须满足机械强度和发热要求，其中按经济电流密度选择的导线截面还必须满足容许电压损耗的要求。

对于 110kV 及以上的架空线路，应根据临界电晕电压来校验导线截面。330kV 以上的超高压线路决定导线截面的主要控制条件是应避免电晕损耗。

习 题 与 思 考 题

2-1　电力网架空导线截面的选择中应考虑哪些因素？

2-2　架空导线选择时必须满足的原则是什么？

学习情境 3

线路设计气象条件的选择确定

【情境描述】

　　高压输配电架空线路常年暴露在大气环境条件下,其机械荷载是随气象条件变化而变化。架空线路所承受的机械荷载既影响其本身的长度、弧垂和张力,又决定杆塔和杆塔基础的受力及带电部分与各方面的安全距离等。所以,输配电线路设计用气象条件的选取是否合理,对保证线路建设和运行的安全性和经济性具有重要意义。

【教学目标】

　　知识目标:

　　(1) 掌握线路设计用基本气象条件;

　　(2) 熟悉气象资料搜集内容;

　　(3) 掌握设计用气象条件的选取方法;

　　(4) 熟悉线路在正常运行情况下的气象条件组合;

　　(5) 了解中国设计用气象条件的组合及典型气象区。

　　能力目标:

　　(1) 根据给定条件能进行最大设计风速的计算;

　　(2) 根据给定条件能进行线路设计气象条件的换算;

　　(3) 根据给定条件能查找中国各典型气象区最低温度、最大风速、年平均气温、覆冰时的温度、风速、覆冰厚度。

　　态度目标:

　　(1) 能主动学习,在完成任务过程中发现问题,分析问题和解决问题;

　　(2) 勤于思考,善于分析与总结问题;

　　(3) 具有团队意识和团队协作的能力,能够协同团队成员共同完成学习任务;

　　(4) 具有不怕苦、不怕累的职业精神,能够通过团结合作树立良好的职业品质。

【教学环境】

　　多媒体教室、一体化教室等。

学习任务 3.1　设计气象条件的选取

【任务描述】

（1）某气象台的观测基本高度是 30m，最大风速为 25m/s，求高度为 15m 时的最大风速是多少？

（2）某地记录的 10m 高度 10min 平均最大风速见表 3-3，试求该地区 15 年一遇的最大风速值。

【任务准备】

（1）设计输配电线路时，主要搜集哪些气象资料？

（2）何谓气象条件三要素？最大设计风速、覆冰厚度是如何取值的？

【任务实施】

（1）根据给定条件计算最大设计风速。

（2）根据给定条件计算气象条件计算最大设计风速。

【相关知识】

架空电力线路将电能从发电厂输送到负荷中心，为保证其长期送电的安全运行，必须使之在结构强度和电气性能等各方面能够很好地适应自然界的气象变化，以保证电力线路的安全运行。

沿线气象状况对电力线路的影响表现在电气和机械两方面，气象有关参数包括风速、覆冰厚度、气温、空气湿度、雷电活动的强弱等；机械强度气象参数主要为风速、覆冰厚度及气温，称为设计气象条件三要素。

一、气象条件三要素

（一）风速

风对电力线路的影响主要有以下三方面。

（1）风吹在导线、杆塔及附件上，增加了导线和杆塔上的荷载。

（2）导线在由风引起的垂直线路方向的荷载作用下，将偏离无风时的铅垂面，从而改变了带电导线与横担、杆塔等接地部件的距离。

（3）导线在稳定的微风（0.5～8m/s）的作用下将引起振动；在稳定的中速风（8～15m/s）的作用下将引起舞动；导线的振动和舞动将危及线路的安全运行。为此必须充分考虑风的影响。

电力线路设计中所采用的风速是离地 15m 高处连续记录的 10min 平均风速，最大设计风速取 15 年一遇的最大值。配电线路的最大设计风速则采用 10 年一遇的离地 10m 高处连续记录的 10min 平均最大值。因此，在线路设计时和运行过程中均需广泛搜集、积累沿线风速资料。但应注意目前气象台站的风仪高度及测记方法不一定符合电力线路采用的要求，如风仪高为 8m，测记方法为一天 4 次，每次定时 2min 评价风速，此时需采用一定方法，将其换算到电力线路的设计风速。此外，在离地不同的高度其风速大小不同，当导线高度较高，如跨越江河等地段，其风速还应计及高度影响。

（二）覆冰厚度

电力线覆冰对电力线路安全运行的威胁主要如下。

（1）由于导线覆冰、荷载增大，将引起断线、连接金具破坏，甚至倒杆等事故。

（2）由于覆冰严重，使导线弧垂显著增大，造成导线与被跨越物或对地距离过小，将引起放电闪络等事故。

（3）由于没有同时脱冰导致导线发生跳跃，易引起导线间及导线与避雷线间闪络，烧伤导线或避雷线。发生冰害事故时，往往正值气候恶劣、冰雪封山、通信中断、交通受阻，检修十分困难时，从而易造成电力系统长时间停电。

（三）气温

气温的变化引起导线热胀冷缩，从而影响电力线的弧垂和应力。气温越高，导线由于热胀引起的伸长量越大，弧垂增加越多，需要考虑导线对被交叉跨越物和对地距离的要求；反之，气温越低，线长缩短越多，应力增加越多，需要考虑导线机械强度应满足的要求。另外，年平均气温、最大风速时的气温也必须适当选择。

二、气象资料需搜集内容

为使电力线路的结构强度和电气性能适应自然界的气象条件变化，保证电力线路的安全运行，在设计过程中，必须对沿线的气象情况进行全面了解，详细搜集设计所需要的气象资料。搜集的主要气象要素如下。

1. 最高气温

最高气温用于计算导线的最大弧垂（因最大弧垂可能发生在最高气温），安排杆塔位置，确定档距，使导线距地面或其他构筑物保持规定的安全距离。

2. 最低气温

在最低气温时，由于导线弧垂减小，导线可能产生最大应力，用最低气温来检验导线悬挂点应力、耐张杆塔的上拔力、绝缘子串上扬及线路防振计算等。

3. 年平均气温

年平均气温是导线应力计算中的控制条件之一，用来计算衡量导线的防振标准，也用来校验耐张绝缘子串的倒挂等问题。

4. 历年最低气温月的平均气温

历年最低气温月平均气温是计算电线或杆塔安装检修时的初始条件。

5. 最大风速

架空输配电线路的最大设计风速，应采用距离地面15m高，15年一遇10min平均最大值（只适用于35～330kV线路）。因此，应将气象站的历年最大风速换算成架空输电线路的最大设计风速，并用于计算风荷载，以计算杆塔强度、刚度、稳定性和导线机械强度。还用于计算风偏，作为确定杆塔头部尺寸的基本条件之一，也用于确定导线对附近凸出物或建筑物间的安全距离。

6. 地区最多风向及其出现频率

搜集地区最多风向及其出现的频率用于防振、杆塔的防腐及绝缘的防污设计。风向也影响杆塔的受力，如为减少风荷载对杆塔引起的弯矩，对上字形或不对称导线排列的杆塔，双导线侧放在迎风侧、风向频率高、风速大处有利。

7. 导线的覆冰厚度

搜集导线覆冰时的最大直径，是雨凇或雾凇覆冰，相应的气温及风速，以确定覆冰厚度及荷载。在导线覆冰时垂直荷载最大，因此，导线覆冰厚度也是计算导线强度和杆塔强度、刚度、稳定性的依据之一。特别对导线不对称排列的杆塔更应引起注意。

8. 年平均雷电日数（或小时数）

作为输电线路防雷设计依据，应结合当地线路运行经验，地区雷电活动的强弱，地形、地貌特点和土壤电阻率高低等情况，选用合理的防雷保护方式，与历年平均雷电日数有关。

9. 土壤的冻结深度

主要用于杆塔的基础设计，要求基础埋深应大于土壤的冻结深度。因为土壤中含有一定的水分，当温度低于 0℃时，土壤中的水分会被冻结，若基础埋深在冻结深度以上，则土壤体积的膨胀或收缩，均能使基础发生移动，造成事故。

10. 地震烈度

地震基本烈度在 9 度以上的地区，所设计的杆塔要进行抗震验算。其验算条件为风速取最大风速的 50%、无冰、未断线现象。

11. 年平均气温下无冰、风速为 5m/s 的气象情况

在长期荷载（无冰、风速 5m/s）、年平均气温作用下杆塔的计算挠度（不包括基础倾斜和拉线点位移）不应大于下列数值。

无拉线直线单杆：杆高的 5/1000；

无拉线直线铁塔：杆高的 3/1000；

直线型拉线杆塔的杆（塔）顶：塔高的 4/1000；

直线型拉线杆塔，拉线点以下的杆（塔）身：拉线点高度的 2/1000；

转角及终端塔：塔高的 7/1000。

设计中应根据杆塔特点提出施工预偏要求，预偏数值应保证单柱杆塔不得向双线侧倾斜，转角杆塔不得向转角内侧倾斜。

三、设计用气象条件的选取

（一）最大风速选取

GB 50545—2010《110kV～750kV 架空输电线路设计规范》规定，线路最大基本风速按电压分级，330kV 及以下距地面 15m 高处 15 年一遇 10min 平均最大风速，500kV 为距地面 20m 高处 30 年一遇平均最大风速。因此，确定最大基本风速前，先需进行风速的选用、统计和数学分析。

1. 风速次时换算

中国各地目前采用的风速测记方式有以下两种。

（1）1 天 4 次定时 2min 平均风速；

（2）连续自记 10min 平均风速。

中国许多气象台（站）以往多采用一天定时观测 4 次，每次观察 2min 平均风速，显然会有局限性，不能具有全面代表性。因此，对于定时观测风速，必须经过观测时距和次数的两重修正，即次时换算，才能将定时 2min 的平均风速换算为连续自记 10min 平均风速。这种换算是根据具有定时和连续自记的平行观测资料，通过建立回归方程式（3-1）进行的，即

$$v_{10} = Av_2 + B \qquad\qquad (3-1)$$

式中　v_{10}——连续自记 10min 的平均风速，m/s；

　　　v_2——一天 4 次 2min 的平均风速，m/s；

A、B——次时换算系数，全国各地区的实验数据见表 3-1。

表 3-1　　　　　　　　　　　　　风速的次时换算系数表

地区	A	B	应用范围
华北	0.882	7.82	北京、天津、河北、山西、河南、内蒙古、关中、汉中
东北	1.04	3.20	辽宁、吉林、黑龙江
西北	1.004	2.57	陕北、甘肃、宁夏、青海、新疆、西藏
西南	0.576	11.57	贵州
云南	0.625	8.04	云南
四川	1.25	0	四川
湖北	0.732	7.0	湖北、江西
湖南	0.63	9.54	湖南
广东	1.03	4.15	广东、广西、福建、台湾、海南
江苏	0.78	8.41	江苏、上海
山东	1.03	3.76	山东、安徽
浙江	1.262	0.53	浙江

2. 风速的高度换算

由于气流和地面的摩擦作用，使离地不等高度上风速的分布不均匀，离地越高，风速越大。将经过次时换算后的 v_{10} 由风仪高度换算到架空线路实际设计高度（规程规定可取 15m 高度）下的风速 v_h。对于观测高度在 100m 以下低空者，均可采用下列对数公式换算，即

$$v_h = v_{10} \frac{\lg h - \lg Z_0}{\lg h_0 - \lg Z_0} = K_0 v_{10} \qquad (3-2)$$

式中　v_h、v_{10}——实际设计高度下的风速和经过次时换算后的风仪高度下的风速，m/s；

　　　　h_0、h——实际设计高度和风仪（观测）高度，m；

　　　　Z_0——地面粗糙系数，Z_0 一般在 0.01～0.2 范围内，对空旷平地可取 0.03；

　　　　K_0——设计高度的换算系数，表 3-2 为实际设计高度 15m 时的风速换算系数。

表 3-2　　　　　　　　　　实际设计高度 15m 时的风速换算系数 K_0

风仪高度 h（m）	8	10	12	14	15	16	18	20
K_0	1.113	1.070	1.037	1.011	1.000	0.990	0.972	0.956
风仪高度 h（m）	22	24	26	28	30	32	34	36
K_0	0.942	0.930	0.919	0.909	0.900	0.891	0.884	0.877

3. 最大设计风速的选取

DL/T 5451—2012《架空输电线路工程初步设计内容深度规定》中规定，线路应按其重要程度的不同，分别考虑最大风速的重现期，35～110kV 线路，应采用 15 年一遇的最大风速；220～330kV 线路，应采用 30 年一遇的最大风速；500kV 线路，应采用 50 年一遇的最大风速。重现期越长，说明该风速越稀少，即风速越大。"几年一遇的最大风速"一词，一般应从或然率的概念上来理解它，即求出一定保证出现频率（或然率）下的最大风速，如

20 年一遇的最大风速的出现频率相当于 5%，即 $p=0.05$。

根据搜集到的历年最大风速值（经过时距、高度统一换算），以气象方面有关概率统计的方法求出最大风分布的频率。如用极值分布理论、皮尔逊Ⅲ型曲线等，但这些计算方法较麻烦，线路设计中可以采用较为粗略但较简便的"经验频率法"，其频率的计算公式为

$$p = \frac{m}{n+1} \tag{3-3}$$

式中 p——风速出现频率；

　　 m——将统计年份内出现的全部风速值由大到小按递减顺序列表编号（每个风速不论数值是否相同皆需占一个编号），则序号即为该风速的 m 值；

　　 n——统计风速的总次数。

要计算保证频率 p（如 $p=0.05$ 即 20 年一遇；$p=0.1$ 即 10 年一遇）时的最大风速，可将 p 和总次数 n 代入式（3-3），求出风速递减序号，序号 m 所对应的风速即为在保证频率下的选用值。若求出的 m 不是整数，相邻两序号中的风速可用插值法求之。

【例 3-1】   某地区 10m 高度自记 10min 平均最大风速见表 3-3。试求该地区 10、20 年一遇的最大风速值。

表 3-3   某地区 10m 高度自记 10min 平均最大风速

年份	1951	1952	1953	1954	1955	1956	1957	1958	1959	1960
v_{10}(m/s)	21.8	21.2	29.2	26.7	23.2	25.0	29.0	27.7	30.3	22.0
年份	1961	1962	1963	1964	1965	1966	1967	1968	1969	1970
v_{10}(m/s)	21.0	27.1	24.0	30.3	27.1	24.0	18.6	23.2	27.1	34.2

解   将表 3-3 中的最大风速按递减顺序排列，并求出相应的频率分布见表 3-4，其中 $p=m/(n+1)=m/21$。

表 3-4   风速、频率表

年份	1951	1952	1953	1954	1955	1956	1957	1958	1959	1960
v_{10}(m/s)	21.8	21.2	29.2	26.7	23.2	25.0	29.0	27.7	30.3	22.0
p	0.048	0.095	0.143	0.191	0.238	0.286	0.333	0.381	0.429	0.476
年份	1961	1962	1963	1964	1965	1966	1967	1968	1969	1970
v_{10}(m/s)	21.0	27.1	24.0	30.3	27.1	24.0	18.6	23.2	27.1	34.2
p	0.524	0.571	0.619	0.667	0.714	0.762	0.810	0.857	0.905	0.952

10 年一遇的最大风速：$p=0.1$，$m=21\times0.1=2.1$，$v_m=30.3$m/s，因风仪高度为 10m，查表 3-2 得 $K_0=1.070$，故

$$v_{max} = 1.070 \times 30.3 = 32.42 \text{(m/s)}$$

20 年一遇的最大风速：$p=0.05$，$m=21\times0.05=1.05$，$v_m=34.2$m/s，故

$$v_{max} = 1.070 \times 34.2 = 36.6 \text{(m/s)}$$

4. 微地形条件下风速的选取

大跨越档距的最大设计风速应比附近平地线路增加 10%，跨越处的水面风速应再增加 10%。大跨越档距还应按稀有气象条件验算。

线路通过城市或森林等地区，如两侧屏蔽物的平均高度大于杆塔高度的 2/3，其最大设计风速宜较一般地区减小 20%。线路位于河岸、湖岸、高峰以及山谷口等容易产生强风的地带，设计风速应较附近一般地区适当增大。

（二）架空线覆冰厚度的选择

电力线覆冰对电力线路安全运行的主要威胁如下。

（1）由于导线覆冰、荷载增大、引起断线、连接金具破坏，甚至倒杆等事故。

（2）由于覆冰严重，使导线弧垂显著增大，造成导线与被跨越物或对地距离过小，引起放电闪络事故等。

（3）由于不同时脱冰使导线跳跃，易引起导线间以及导线与避雷线间闪络，烧伤导线或避雷线。发生冰害事故时，往往在气候恶劣、冰雪封山、通信中断、交通受阻、检修困难时，从而造成易电力系统长时间停电。

电力线路设计是覆冰按等厚中空圆形考虑，其密度取 0.9g/cm³，且取 15 年一遇的最大值。

（三）气温的选取

（1）最高气温一般取 +40℃，不考虑个别高于或低于 +40℃ 的记录。

（2）最低气温偏低时取 5 的倍数。

（3）年平均气温，取逐年的年平均气温的平均值，在 3～17℃ 范围内时取与此数邻近 5 的倍数值，如地区年平均气温小于 3℃ 或大于 17℃ 时，应将年平均气温减少 3～5℃ 后，选用与此数邻近的 5 倍数值。

（4）最大风速时的气温，取出现最大风速年的大风季节最冷月的平均气温，偏低地取 5 的倍数。

学习任务 3.2 设计气象条件的组合及典型气象区

【任务描述】

（1）掌握不同情况下的气象条件组合；

（2）查表获得不同地区的组合气象条件参数。

【任务准备】

（1）何谓"组合气象条件"？常用的组合气象条件有哪几种？

（2）了解所在省区的气象分区情况及组合气象条件参数。

【相关知识】

风速、覆冰厚度、大气温度是输电线路设计中的主要因素。它们各取什么值，称为气象条件组合。气象条件组合要反映一定程度的自然规律，及它们同时出现的可能性，既要反映客观现实，又要考虑技术上的合理及计算上方便。因此，必须根据以往设计经验结合实际情况，慎重地分析原始气象资料，合理地概括出"组合气象条件"。在进行气象条件的组合时，一般应满足下列要求。

（1）线路在大风、覆冰及最低气温时，仍能正常运行；

（2）线路在断线事故情况下，不应使事故范围扩大，即杆塔不致倾覆；

（3）线路在安装过程中，不致产生人身或设备损坏事故；

（4）线路在正常运行情况下，在任何季节里，导线对地面或与其他被跨越物保持足够的安全距离；

（5）线路在长期运行中，应保证导线或避雷线有足够的耐振性能。

一、设计用气象条件的组合情况

（一）正常运行情况下的气象条件组合

线路在正常运行中使导线及杆塔受力最严重的气象条件有大风、覆冰及最低气温三种情况。这三种最严重的气象条件不应组合在一起，因为最大风速一般多在夏秋季节出现，而最低气温则在冬季无风时出现，又因最大风速或最低气温时，大气中均无"过冷却"水滴存在，因而，架空线不可能覆冰。所以，线路在正常运行情况下的气象条件组合如下。

（1）最大风速、无冰、气温为该地区大风季节最冷月的平均气温；

（2）最低气温时、无冰、无风；

（3）覆冰时，一般取相应风速为 10m/s，若地区最大风速大（如 35m/s 以上），可取相应风速为 15m/s，覆冰时气温取 -5℃。

由于最大风速或覆冰时导线机械荷载大，最低气温时，虽然没有外荷载，但因温度低使得导线收缩，导致导线应力增大。所以在上述三组气象情况下，导线应力可能为最大值。设计时要求在这三组气象情况下，导线应力不得超过允许应力，即最大使用应力 σ_{max}。

（4）年平均气温、无风、无冰。此气象组合是从导线防振的要求提出来的。

（二）安装和检修时气象条件组合

对于线路安装和检修工作（指机械性作业），GB 50545—2010《110kV～750kV 架空输电线路设计规范》规定："遇有六级以上大风，禁止高处作业"（六级风为强风，其陆地地物特征是大树枝摇动，电线呼呼有声，举伞困难）。因此，安装和检修情况下的气象条件按风速为 10m/s、无冰、气温为最低气温月的平均气温，这一气象组合基本上能概括全年的安装检修时的气象情况。当遇到特殊情况，如冰、风事故中的抢修或安装中途出现大风等，必须采取相应的安全措施后继续作业。

（三）事故情况下的气象条件组合

线路事故情况仅指断线情况，不包括杆塔倾覆或其他停电等事故。断线多系外力引起，与气象条件的关系无明显规律。计算断线的目的，在一定意义上，只是为计算杆塔强度，其气象条件是根据以往运行经验逐渐演变而来的，断线情况气象条件组合如下。

（1）覆冰厚度为 10mm 及以下地区：无冰、无风，历年最低气温月的最低气温值（每年该月中每日最低温平均后，再取历年平均值）；

（2）覆冰厚度为 10mm 以上地区：有冰、无风，气温为 -5℃。

二、典型气象区

为设计、制造上的标准和统一化，根据不同地区的气象情况和多年的运行经验，中国各主要地区组合后的气象条件归纳为九个典型气象区，其气象参数的组合见表 3-5。

由于中国幅员辽阔，气象情况复杂，九个典型气象区不能完全包括，所以各大区甚至各省区又根据本地区的气象特点，划分出本地区的典型气象区。在实际使用中，总是将线路沿线实际气象数据与典型气象区相比，采用其中最接近的某一典型气象区的数值。

表 3-5   中国典型气象区参数表

气象区			I	II	III	IV	V	VI	VII	VIII	IX
大气温度（℃）		最高	+40								
		最低	−5	−10	−10	−20	−10	−20	−40	−20	−20
		覆冰	−	−5							
		最大风速	+10	+10	−5	−5	+10	−5	−5	−5	−5
		安装	0	0	−5	−10	−5	−10	−15	−10	−10
		外部过电压	+15								
		内部过电压、年平均气温	+20	+15	+15	+10	+15	+10	−5	+10	+10
风速（m/s）		最大风速	35	30	25	25	30	25	30	30	30
		覆冰	10						15		
		安装	10								
		外部过电压	15	10							
		内部过电压	0.5×最大风速（不低于 15m/s）								
覆冰厚度（mm）			0	5	5	5	10	10	10	15	20
冰的比重			0.9								

中国典型气象区基本考虑了中国各地的气象条件，适用范围如下（v_{max} 代表最大风速，b 代表覆冰厚度，t_{min} 代表最低温度）。

Ⅰ级：$v_{max}=35\text{m/s}$，$b=0$，$t_{min}=-5℃$；
主要适用于南方沿海受台风侵袭地区，如浙江、福建东部、广东、广西沿海地区。

Ⅱ级：$v_{max}=30\text{m/s}$，$b=5\text{mm}$，$t_{min}=-10℃$；
主要适用于华东地区。

Ⅲ级：$v_{max}=25\text{m/s}$，$b=5\text{mm}$，$t_{min}=-10℃$；
主要用于西南非重冰地区、福建、广东等受台风影响较弱地区。

Ⅳ级：$v_{max}=25\text{m/s}$，$b=5\text{mm}$，$t_{min}=-20℃$；
主要适用于西北大部地区、华北京、津、唐地区。

Ⅴ级：$v_{max}=25\text{m/s}$，$b=10\text{mm}$，$t_{min}=-10℃$；
主要适用于华北平原、湖北、湖南、河南等地。

Ⅵ级：$v_{max}=25\text{m/s}$，$b=10\text{mm}$，$t_{min}=-20℃$；
主要适用于北方某些地区。

Ⅶ级：$v_{max}=30\text{m/s}$，$b=10\text{mm}$，$t_{min}=-40℃$；
主要适用于寒潮比较强烈的地带，如东部大部地区、河北承德、河北张家口一带。

Ⅷ级：$v_{max}=30\text{m/s}$，$b=15\text{mm}$，$t_{min}=-20℃$；
主要适用于覆冰较严重地区，如山东、河南部分地区、湘中、粤北重冰地带。

Ⅸ级：$v_{max}=30\text{m/s}$，$b=20\text{mm}$，$t_{min}=-20℃$；

主要适用于云、贵高原覆冰地区。

此外，各地区根据自己地区的具体情况，较详细地划分了本地区的典型气象区。

习 题 与 思 考 题

3-1　怎样计算最大设计风速？

3-2　线路在正常情况下的气象条件组合有哪些？

3-3　中国典型Ⅳ级气象区的最低温度、最大风速、年平均气温、覆冰时温度、风速、覆冰厚度各是多少？

3-4　沈阳地区 1905～1957 年之间 48 年（中间缺 5 年）的 20m 高度自记 10min 平均风速年最大值见表 3-6，试求该地区 15m 基本高度处 10、20、30 年一遇的最大风速。

表 3-6　　　　　　沈阳地区 20m 高度自记 10min 平均最大风速

年份	1905	1906	1907	1908	1909	1910	1911	1912	1913	1914	1915	1916
v_{10}(m/s)	16.4	18.1	17.7	20.1	20.3	21.1	19.4	19.7	21.5	20.8	17.7	15.8
年份	1917	1918	1919	1920	1921	1922	1923	1924	1925	1926	1927	1928
v_{10}(m/s)	15.3	16.1	16.3	15.7	15.4	15.5	17.0	15.4	13.0	14.0	15.2	13.5
年份	1929	1930	1931	1932	1933	1934	1935	1936	1937	1938	1939	1940
v_{10}(m/s)	15.0	24.1	21.0	20.2	20.9	19.2	22.1	24.6	18.9	21.3	19.5	23.3
年份	1941	1947	1948	1949	1950	1951	1952	1953	1954	1955	1956	1957
v_{10}(m/s)	19.3	16.8	16.7	18.0	14.6	15.0	16.7	17.0	29.7	26.7	36.6	20.8

学习情境 4

导线和避雷线应力弧垂计算

【情境描述】

建设一条架空输配线路，必须符合经济合理、安全适用的原则，既要充分发挥材料的机械和电气性能，又要保证安全运行。

对于悬挂在杆塔上的导线，当外界温度及导线承受荷载变化时，会导致导线长度发生变化。导线长度的微小变化也会导致导线应力和弧垂的发生变化，导线长度缩短，将使导线应力增大、弧垂减小；反之，导线伸长，将使导线应力减小、弧垂增大。显然，在线路设计时，必须计算导线的应力和弧垂，确定和掌握导线在各种气象条件下的应力和弧垂的变化情况，并保证当导线应力最大时，其值不超过导线强度允许值，而当弧垂最大时，保证导线的对地安全距离，从而保证线路设计经济合理、运行安全可靠。

【教学目标】

知识目标：

(1) 熟悉导线和避雷线的四种机械物理特性；

(2) 掌握导线的水平比载、垂直比载、综合比载的内容；

(3) 了解导线应力的概念；熟悉导线的最大使用应力；

(4) 掌握悬点等高时导线弧垂、线长和应力的关系；

(5) 掌握悬点不等高时导线弧垂、线长和应力的关系；

(6) 了解孤立档和连续档的状态方程式；

(7) 掌握连续档耐张段的代表档距；

(8) 了解导线的控制条件及可能作为控制的四种控制气象条件；

(9) 掌握临界档距，并确定控制条件；

(10) 了解导线应力弧垂曲线；

(11) 了解导线安装曲线；

(12) 掌握导线初伸长的补偿方法。

能力目标：

(1) 能够理解导线的瞬时破坏应力、弹性系数及温度线膨胀系数；

(2) 能够计算导线的比载；

(3) 能够计算悬点等高时导线的弧垂、线长和应力；

(4) 会进行小高差档距导线弧垂、应力的计算；

（5）会计算连续档耐张段的代表档距、临界档距，并确定控制条件；

（6）会使用导线应力弧垂曲线及安装曲线；

（7）会选择弧垂的观测档，并计算观测档的弧垂。

态度目标：

（1）能主动学习，在完成任务过程中发现问题，分析问题和解决问题；

（2）勤于思考、善于分析与总结问题；

（3）具有团队意识和团队协作能力，能够协同团队成员共同完成学习任务；

（4）具有不怕苦、不怕累的职业精神，能够通过团结合作树立良好的职业品质。

【教学环境】

多媒体教室、一体化教室、架空输配电线路实训基地等。

学习任务 4.1　导线和避雷线机械物理特性

【任务描述】

导线、避雷线在运行过程中要受到各种条件的影响，其机械强度必须满足一定的要求。本任务要求列出导线、避雷线的机械物理特性包括的内容及相应的计算公式。

【任务准备】

（1）导线的机械物理特性指哪些？

（2）什么是应力？什么是导线的瞬时破坏应力？

（3）什么是弹性系数？什么是温度线膨胀系数？

（4）弹性伸长系数的物理含义是什么？

【任务实施】

（1）根据导线、避雷线的机械力，计算其应力。

（2）分析弹性系数、温度线膨胀系数的物理意义。

【相关知识】

导线的机械物理特性指瞬时破坏应力、弹性系数、温度线膨胀系数及导线的质量。

一、导线的瞬时破坏应力

瞬时破坏应力指导线计算拉断力与导线计算截面积的比值。对导线做拉伸试验，将测得的瞬时破坏拉断力除以导线的截面积，便可得到瞬时破坏应力，即

$$\sigma_{p} = \frac{T_{p}}{A} \tag{4-1}$$

式中　σ_{p}——导线的瞬时破坏应力，N/mm²；

　　T_{p}——导线的瞬时破坏拉断力，N；

　　A——导线截面积，mm²。

对于钢芯铝绞线来说，指综合瞬时破坏应力，可以通过对整根绞线做拉力试验得出，也可通过经验公式求得，即

$$\sigma_{p} = \frac{\eta_{a} A_{a} \sigma_{ap} + \eta_{s} A_{s} \sigma_{sp}}{A_{a} + A_{s}} \quad (N/mm^{2}) \tag{4-2}$$

式中　σ_p——钢芯铝绞线的综合瞬时破坏应力；

　　　η_a——铝线绞合引起的强度损失系数，37 股以下绞线 $\eta_a = 0.95$，37 股以上绞线
　　　　　　$\eta_a = 0.9$；

　　　η_s——钢绞线绞合引起的强度损失系数，取 $\eta_s = 0.85$；

　　　σ_{ap}——铝单线的瞬时破坏应力，N/mm^2；

　　　σ_{sp}——钢线的瞬时破坏应力，N/mm^2；

　　　A_a——铝部截面积；

　　　A_s——钢部截面积。

二、导线的弹性系数

　　导线的弹性系数又称弹性模量，指在弹性限度内，导线受到拉力时，其应力与应变的比例系数，即

$$E = \frac{\sigma}{\varepsilon} = \frac{TL}{A\Delta L} \tag{4-3}$$

式中　E——导线的弹性系数，N/mm^2；

　　　T——导线的拉力，N；

　　　A——导线截面积，mm^2；

　　　L——导线的原长，m；

　　　ΔL——导线的伸长量；

　　　σ——导线应力，N/mm^2；

　　　ε——导线应变，即导线受拉时的单位长度的变形量，$\varepsilon = \dfrac{\Delta L}{L}$。

　　钢芯铝绞线的弹性系数是一个综合弹性系数，指在弹性限度内，单位截面上作用一单位应力时，导线单位长度上所产生伸长值的倒数值，即

$$E = \frac{E_s + aE_a}{1 + a} \tag{4-4}$$

　　钢芯铝绞线的综合弹性系数 E，可通过实物试验来确定。若已知铝、钢的弹性系数，考虑导线受材料性质、结构、应力分配等因素影响，则式（4-4）应乘以系数 0.9，得

$$E = 0.9 \frac{E_s + aE_a}{1 + a} \tag{4-5}$$

式中　E——钢芯铝绞线的综合弹性系数；

　　　E_s——镀锌钢线弹性系数，取 200900，N/mm^2；

　　　E_a——铝单线弹性系数，取 65660，N/mm^2；

　　　a——导线铝和钢截面比，LGJ 型 $a = 5.3 \sim 6.0$，LGJQ 型 $a = 8.0$，LGJJ 型 $a = 4.3 \sim 4.4$。

　　弹性伸长系数即为导线弹性系数倒数。其物理含义为在表征导线施以单位应力时，能产生的相对形变，表示导线受拉后易于伸长的程度，即

$$\beta = \frac{1}{E} = \frac{\varepsilon}{\sigma} \tag{4-6}$$

式中　β——导线的弹性伸长系数，mm^2/N。

　　钢芯铝绞线的弹性伸长系数为

$$\beta = \frac{1}{E} = \frac{1+a}{(E_s + aE_a)} \qquad (4-7)$$

三、导线的温度线膨胀系数

温度线膨胀系数指导线温度升高 1℃时，导线单位长度的伸长值称为导线的温度线膨胀系数，即

$$\alpha = \frac{\varepsilon}{\Delta t} \qquad (4-8)$$

式中　α——导线温度线膨胀系数，1/℃；

　　　ε——温度变化引起的导线相对变形量；

　　　Δt——温度变化量，℃。

钢芯铝绞线的温度线膨胀系数 α 介于钢的温度线膨胀系数 α_s 和铝的温度线膨胀系数 α_a 之间。温度升高时，铝部比钢部伸长大，原因是铝比钢的温度线膨胀系数大，反之，当温度降低时，铝部比钢部缩短大。

$$\alpha = \frac{\alpha_s E_s + a\alpha_a E_a}{E_s + aE_a} \qquad (4-9)$$

式中　α——钢芯铝绞线的温度线膨胀系数，1/℃；

　α_s、α_a——钢、铝的温度线膨胀系数。

四、导线质量

导线的质量常以每千米导线的质量值表示，单位为 kg/km。

输电导线的机械物理特性和规格见附录 A，在应用时需注意标称截面和计算截面应不相等，在施工现场进行导线力学估算时，有时可用标称截面，但在精确计算时则应采用计算截面。另外对于钢芯铝绞线，还应注意铝钢截面比，如铝标称截面为 $95mm^2$ 的钢芯铝绞线有 LGJ - 95/55、LGJ - 95/20、LGJ - 95/15 三种，它们的外径、计算截面积、计算拉断力及其他机械物理特性参数均不相同。

学习任务 4.2　导线比载的计算

【任务描述】

（1）一条 110kV 架空输电线路，通过典型气象 V 区，导线采用 LGJ - 150/25 型，试计算线路上各种比载。

（2）已知 LGJ - 185/30 型导线计算质量 m_0 为 732.6kg/km，导线计算截面积 $A = 210.93mm^2$，导线在最大风速时的风压比载 $g_4 = 40.734 \times 10^{-3}$ N/（m·mm^2），导线计算直径 $d = 18.88mm$。试求在最大风速 $v = 30m/s$ 的气象条件下，导线的综合比载。

【任务准备】

（1）什么是导线的比载？

（2）各种比载的意义是什么？

【任务实施】

（1）列出导线各种比载的计算公式；

（2）根据任务描述，代入相关的数据，计算任务中要求的比载。

【相关知识】

在进行导线的受力分析时，首先需明确作用在导线上的荷载。作用在导线上的荷载有导线自重、导线覆冰重和导线所受垂直于线路方向的水平风压。为便于分析计算，工程中用比载来计算导线所受的风、冰和自重比载。

比载即单位长度、单位截面积导线上的荷载，也是将单位长度（1m）导线上的荷载折算到单位截面积（1mm²）上的数值，比载单位为 N/（m·mm²）。

在导线的应力弧垂分析中，常用的比载有七种，分为垂直、水平、综合比载三大类。

一、垂直比载

1. 自重比载

导线的自重比载就是导线自身重力引起的比载，其计算公式为

$$g_1 = 9.8 \frac{m_0}{A} \times 10^{-3} \tag{4-10}$$

式中　g_1——导线的自重比载，N/（m·mm²）；

　　　m_0——每公里导线的质量，kg/km；

　　　A——导线的截面积，mm²。

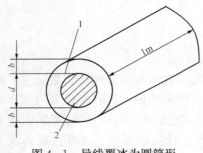

图 4-1　导线覆冰为圆筒形
1—冰层；2—导线

2. 冰重比载

覆冰的导线示意图如图 4-1 所示。将 1m 长导线的覆冰重量折算到每平方毫米导线截面积上的数值称为冰重比载，其计算公式为

$$g_2 = 27.708 \frac{b(b+d)}{A} \times 10^{-3} \tag{4-11}$$

式中　g_2——冰重比载，N/（m·mm²）；

　　　b——覆冰厚度，mm；

　　　d——导线直径，mm；

　　　A——导线截面积，mm²。

3. 导线自重和冰重比载（覆冰时垂直总比载）

导线的自重比载与冰重比载之和，其计算公式为

$$g_3 = g_1 + g_2 \tag{4-12}$$

式中　g_3——导线自重和冰重总比载，N/（m·mm²）。

二、水平比载

水平比载是由导线受垂直于线路方向的水平风压引起的比载。水平比载包括无冰风压比载和覆冰风压比载，方向作用在水平面内。

1. 无冰风压比载

无冰时导线每米每平方毫米的风压荷载，称为无冰风压比载，其计算公式为

$$g_4 = \frac{0.6125 a C d v^2}{A} \times 10^{-3} \tag{4-13}$$

式中　g_4——无冰时导线风压比载，N/（m·mm²）；

　　　C——风载体型系数，当导线直径<17mm 时，$C=1.2$，当导线直径≥17mm 时，$C=1.1$；

d——导线直径，mm；

v——设计风速，m/s；

A——导线截面积，mm^2；

a——风速不均匀系数，应根据设计基本风速，按照见表 4 - 1。

表 4 - 1	风速不均匀系数 a 值			
设计风速（m/s）	<20	20～30	30～35	>35
a	1.0	0.85	0.75	0.70

2. 覆冰风压比载

覆冰导线每米每平方毫米的风压荷载，称为覆冰风压比载。此时，导线的迎风面积因覆冰而增大，即受风面的宽度变为 $d+2b$，受风面积增大，同时风载体型系数也与未覆冰不同。所以，覆冰时的风压比载为

$$g_5 = \frac{0.6125aC(2b+d)v^2}{A} \times 10^{-3} \qquad (4-14)$$

式中　　g_5——覆冰风压比载，N/（m·mm^2）；

　　　　C——风载体型系数，线径小于 17mm 或覆冰时（不论线径大小）应取 $C=1.2$。

三、综合比载

综合比载分为无冰有风综合比载和覆冰有风综合比载两种。在有风气象条件时，作用在导线上的荷载同时有垂直方向的自重、冰重比载和水平方向的风压比载，因此，导线的综合比载为这两个方向的比载的矢量和。

1. 无冰有风综合比载

无冰有风时，作用在导线上的比载有垂直比载 g_1 和水平比载 g_4，其综合比载如图 4 - 2 (a) 所示，即

$$g_6 = \sqrt{g_1^2 + g_4^2} \qquad (4-15)$$

式中　　g_6——无冰有风时的综合比载，N/（m·mm^2）。

2. 有冰有风综合比载

导线有冰有风时，导线上作用着垂直比载 g_3 和水平比载 g_5，其综合比载如图 4 - 2 (b) 所示，即

$$g_7 = \sqrt{g_3^2 + g_5^2} \qquad (4-16)$$

式中　　g_7——有冰有风时的综合比载，N/（m·mm^2）。

各种标准规格的常用导线，其比载一般已计算列成如附录 B 的表格，以便使用时查取。

需特别注意，上述比载有七种，在使用时应根据计算气象条件和计算目的正确选用相应的比载。如在计算导线应力时必须选用导线的

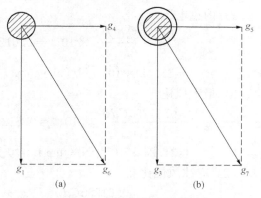

图 4 - 2　导线的综合比载
(a) 无冰有风时；(b) 有冰有风时

综合比载，而综合比载有 g_1、g_6、g_7 三个，这就需根据计算气象条件选用其中一个，如无

冰无风时应取 g_1，有冰有风时应取 g_7。同时，同一导线型号的同一种比载，随着气象参数的不同也有不同的数值，此时就需根据计算气象条件中气象参数（覆冰厚度 b 和风速 v）来查取。

【例 4 - 1】　某架空输电线路，通过典型气象Ⅸ区，导线采用 LGJ - 240/55，试计算各种比载。

钢芯铝绞线 LGJ - 240/55 的计算总和截面积 $A = 297.57 \text{mm}^2$，绞线直径 $d = 22.4 \text{mm}$，计算质量 $m = 1108 \text{kg/km}$。覆冰厚度 $b = 20 \text{mm}$；覆冰时的风速为 15m/s；最大风速为 30m/s；外过电压情况下对应的风速为 10m/s；内过电压情况下对应的风速为 15m/s。

解　1. 垂直比载

（1）导线自重比载为

$$g_1 = 9.8 \frac{m}{A} \times 10^{-3} = \frac{1108 \times 9.8}{297.57} \times 10^{-3}$$
$$= 36.49 \times 10^{-3} [\text{N/(m} \cdot \text{mm}^2)]$$

（2）覆冰时冰重比载为

$$g_2 = 27.708 \frac{b(b+d)}{A} \times 10^{-3} = 27.728 \times \frac{20 \times (22.4 + 20)}{297.57} \times 10^{-3}$$
$$= 79.02 \times 10^{-3} [\text{N/(m} \cdot \text{mm}^2)]$$

（3）覆冰时垂直总比载为

$$g_3 = g_1 + g_2 = (36.49 + 79.02) \times 10^{-3}$$
$$= 115.51 \times 10^{-3} [\text{N/(m} \cdot \text{mm}^2)]$$

2. 水平比载

（1）无冰风压比载。

1）外过电压，安装有风

$$g_4 = \frac{0.6125 a C d v^2}{A} \times 10^{-3} = 0.6125 \times 1.0 \times 1.1 \times 22.4 \times \frac{10^2}{297.57} \times 10^{-3}$$
$$= 5.074 \times 10^{-3} [\text{N/(m} \cdot \text{mm}^2)]$$

2）内过电压

$$g_4 = \frac{0.6125 a C d v^2}{A} \times 10^{-3} = 0.6125 \times 1.0 \times 1.1 \times 22.4 \times \frac{15^2}{297.57} \times 10^{-3}$$
$$= 11.42 \times 10^{-3} [\text{N/(m} \cdot \text{mm}^2)]$$

3）最大风速

$$g_4 = \frac{0.6125 a C d v^2}{A} \times 10^{-3} = 0.6125 \times 0.75 \times 1.1 \times 22.4 \times \frac{15^2}{297.57} \times 10^{-3}$$
$$= 34.24 \times 10^{-3} [\text{N/(m} \cdot \text{mm}^2)]$$

（2）有冰风压比载

$$g_5 = \frac{0.6125 a C d v^2}{A} \times 10^{-3}$$
$$= 0.6125 \times 1.0 \times 1.2 \times (22.42 \times 20) \times \frac{15^2}{297.57} \times 10^{-3}$$
$$= 34.68 \times 10^{-3} [\text{N/(m} \cdot \text{mm}^2)]$$

3. 综合比载

（1）无冰有风综合比载。

1）外过电压，安装有风

$$g_6 = \sqrt{g_1^2 + g_4^2} = \sqrt{36.49^2 + 5.074^2} \times 10^{-3}$$
$$= 36.84 \times 10^{-3} [\text{N}/(\text{m} \cdot \text{mm}^2)]$$

2）内过电压

$$g_6 = \sqrt{g_1^2 + g_4^2} = \sqrt{36.49^2 + 11.42^2} \times 10^{-3}$$
$$= 38.29 \times 10^{-3} [\text{N}/(\text{m} \cdot \text{mm}^2)]$$

3）最大风速

$$g_6 = \sqrt{g_1^2 + g_4^2} = \sqrt{36.49^2 + 34.24^2} \times 10^{-3}$$
$$= 50.08 \times 10^{-3} [\text{N}/(\text{m} \cdot \text{mm}^2)]$$

（2）有冰有风综合比载

$$g_7 = \sqrt{g_3^2 + g_5^2} = \sqrt{115.51^2 + 34.68^2} \times 10^{-3}$$
$$= 120.6 \times 10^{-3} [\text{N}/(\text{m} \cdot \text{mm}^2)]$$

学习任务 4.3　导线应力弧垂分析

【任务描述】

（1）已知一条 110kV 线路导线为 LGJ‐95/20 型，档距为 250m，两杆塔悬点均为 10.5m，气温 20℃时测得的距杆塔 50m 处的导线对地距离为 7.5m。已知 20℃时该档距的设计弧垂 f 应为 4.3m，试检查此点弧垂是否符合要求（假设地面为水平）。

（2）已知某档等高悬点架空线，档距为 150m，导线悬挂点等高，导线比载为 35×10^{-3} N/（m·mm²），导线应力为 63MPa，试求该气象条件下导线的弧垂、线长和悬挂点应力。

（3）某 220kV 输电线路中有一悬点不等高档，档距为 400m，高悬点 A 与低悬点 B 铅垂高差 $\Delta h = 12$m，导线在最大应力气象条件下比载 $g = 89.21 \times 10^{-3}$ N/（m·mm²），应力 $\sigma_0 = 132$MPa，试求在最大应力气象条件下高低悬点的应力 σ_A、σ_B。

（4）某 220kV 输电线路在丘陵地带有一悬点不等高档，已知该档档距 $l = 400$m，悬点高差 $\Delta h = 36$m，最高气温时导线应力 $\sigma_0 = 80$MPa，比载 $g = 36.51 \times 10^{-3}$ N/（m·mm²）。试求该档导线线长。

【任务准备】

（1）什么是导线的应力？导线最大允许应力、最大使用应力和一般所指的应力三者有什么区别和联系？

（2）什么是导线松弛应力架设？变电站进出线档为什么要松弛应力架设？其他还有什么情况需松弛应力架设？

（3）什么是弧垂？弧垂、应力及线长有什么关系？

（4）输配电线路设计中对悬点应力有何规定？悬点应力的大小与哪些因素有关？

【任务实施】

（1）掌握弧垂和应力的关系；

（2）列出弧垂、应力、线长的计算公式；

（3）根据任务描述，选择正确的计算公式计算弧垂、应力、线长等。

【相关知识】

一、概述

架空输配电线路设计、施工、运行中关注的主要技术指标之一为弧垂，特别是导线长度的微小变化，会引起弧垂和拉力的很大变化。如温度、外部荷载（冰、风等）的变化，均能引起导线和避雷线伸长或缩短。这些伸长或缩短与导线的实际长度相比所占的百分比很小。但是它所引起的弧垂和拉力的变化却相当大，这在施工紧线调整弧垂时，能明显地反映出来。设计弧垂时应综合考虑以下因素。

悬挂于两基杆塔之间的一档导线，弧垂越大，导线的应力则越小，使安全系数变大，导线的振动减弱，杆塔的荷载减小。在机械强度方面的安全性得到改善。

但如果片面加大弧垂，为满足导线对地距离要求，杆塔的高度便要增加，线路建设投资增大，当导线因风摆动、舞动、导线覆冰时产生的不均匀脱冰等更容易引起导线间距缩短，造成短路停电事故。如果加大杆塔头部尺寸（加大线间距离和导线、避雷线之间的距离），会使线路走廊加宽，造成线路造价的提高，同时对弱电线路、无线电干扰影响加剧。

因此，必须综合考虑上述电气和机械方面的因素，适当地设计导线的弧垂和应力，正确地掌握各种不同气象情况下导线应力和弧垂的计算。避雷线的应力和弧垂计算方法，除最大使用应力计算与导线有不同外，基本与导线相同。故导线的各种计算，同样适用于避雷线计算。除特别说明，导线的基本计算泛指导线和避雷线的基本计算。

下面介绍几个相关概念。

1. 档距（l）

相邻两基杆塔中心线间的水平距离称为档距，常用 l 表示。

2. 弧垂（f）

导线上任意点至导线两侧悬挂点的连线之间的铅垂距离称为导线上该点的弧垂，常用 f_x 表示。导线上档距中央点至导线两侧悬挂点的连线的铅垂距离，称为档距中央弧垂，常用 f 表示，如图 4-3 所示，工程上所说的弧垂常指档距中央弧垂。

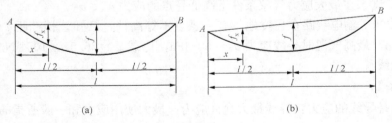

图 4-3　导线的弧垂

(a) 悬点等高时的弧垂；(b) 悬点不等高时的弧垂

3. 导线应力（σ_0）

悬挂于两基杆塔之间的一档导线，在导线自重、冰重、风压等荷载作用下，任一横截面上均有一内力存在。导线应力是指导线单位横截面积上的内力。因导线上作用的荷载是沿导线长度均匀分布的，所以一档导线中各点的应力不相等，且导线上某点应力的方向与导线悬

挂曲线上该点的切线方向相同。从而可知，一档
导线中其导线最低点应力的方向为水平。

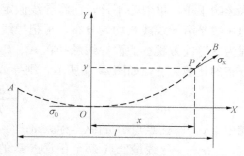

图 4-4　架空线在档距中的受力状态图

根据静力平衡条件可知，档距中导线各点应力
的水平分量均相等，且等于导线最低点应力 σ_0。一
个耐张段在施工紧线时，直线杆上导线置于放线滑
车中，当忽略滑车的摩擦力影响时，各档导线最低
点的应力均相等。所以在导线应力、弧垂分析中，
除特别指明外，导线的应力都指档中导线最低点的
水平应力，常用 σ_0 表示，如图 4-4 所示。

4. 导线的最大允许应力 $[\sigma_m]$

导线机械强度允许的最大应力称为最大允许应力，用 $[\sigma_m]$ 表示。DL/T 5092—1999
《110～500kV 架空送电线路设计技术规程》规定，导线和避雷线的设计安全系数不应小于
2.5。所以，导线的最大允许应力为

$$[\sigma_m] = \frac{T_p}{KA} = \frac{\sigma_p}{2.5} \tag{4-17}$$

式中　T_p——导线的计算拉断力，N；

　　　A——导线的计算截面积，mm^2；

　　　σ_p——导线的计算破坏应力，N/mm^2；

　　　K——安全系数，取 2.5。

在一条线路的设计、施工过程中，一般应使导线在各种气象条件下，当出现最大应力时
的应力恰好等于导线的最大允许应力。但由于地形或孤立档等条件限制，有时必须把最大应
力控制在比最大允许应力小的某一水平上。导线及避雷线在弧垂最低点的设计安全系数不应
小于 2.5，悬挂点的设计安全系数不应小于 2.25。

通常把设计时所取定的最大应力气象条件时导线应力的最大使用值称为最大使用应力，
用 σ_m 表示，则

$$\sigma_m = \frac{T_p}{KA} = \frac{\sigma_p}{K} \tag{4-18}$$

式中　σ_m——导线最低点的最大使用应力，MPa；

　　　K——安全系数。

由此可知，当 $K = 2.5$ 时，有 $\sigma_m = [\sigma_m]$，这时称导线按正常应力架设；当 $K > 2.5$
时，则 $\sigma_m < [\sigma_m]$，这时称导线按松弛应力架设。

工程中，一般导线安全系数均取 2.5，但变电站进出线档的导线最大使用应力常是受变
电站进出线构架的最大允许拉力控制的；对档距较小的其他孤立档，导线最大使用应力则往
往是受紧线施工时的允许过牵引长度控制的；对个别地形高差很大的耐张段，导线最大使用应
力又受导线悬挂点应力控制。在这些情况下，导线安全系数均大于 2.5，为松弛应力架设。

导线的应力随气象条件变化的。导线最低点在最大应力气象条件时的应力为最大使用应
力，则其他气象条件时的应力必小于最大使用应力。

二、导线的解析方程式

悬挂在杆塔上的一档导线，由于档距很大，导线材料的刚性对导线悬挂于空中的几何形

状影响很小，可忽略不计，而将导线假定为一根处处铰接的柔软的链条。另外，作用于导线的荷载是沿导线线长均匀分布，可把导线悬挂曲线看成是一条理想柔韧的悬链线，其解析方程为悬链线方程。假设导线悬挂在 A、B 两点，导线最低点 O 点的应力为 σ_0，沿导线均匀分布的比载为 g，如图 4-4 所示，则导线悬链线方程式为

$$y = \frac{\sigma_0}{g}\left[\mathrm{ch}\frac{gx}{\sigma_0} - 1\right] \tag{4-19}$$

式中　y——任意点 P 的纵坐标，m；

　　　　x——导线最低点 O 至任意点 P 的水平距离，m。

上式悬链线方程是精确计算导线应力和弧垂的基本方程式。悬链线方程包含双曲函数，由其推导出的其他计算式也较为繁复，因此，工程中在误差允许的前提下，取其简化形式。简化形式有两种，一是将沿线长均布的荷载简化为沿档距两侧导线悬挂点的连线均匀分布，如图 4-5（a）所示，得到一套计算式称为斜抛物线式计算式；二是将荷载简化为沿档距均匀分布，如图 4-5（b）所示，得到一套计算式称为平抛物线式计算式。

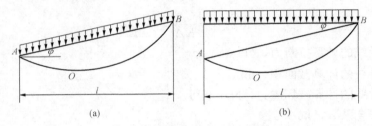

图 4-5　计算方法的简化原则
（a）近似为斜抛物线；（b）近似为平抛物线

在工程设计中，当悬点高差（h）和档距（l）之比 $h/l < 15\%$ 时，应用平抛物线式便可满足精度要求；当 $h/l \geqslant 15\%$ 时，可应用斜抛物线式；只有高差很大或档距很大，要求精确计算时，才应用悬链线精确式进行计算。本书中只应用平抛物形式进行分析。将悬链线方程按级数展开并略去高次项，得到导线任一点的纵坐标、线长和应力的平抛物线近似计算公式

$$y = \frac{gx^2}{2\sigma_0} \tag{4-20}$$

$$L_x = x + \frac{g^2 x^3}{6\sigma_0^2} \tag{4-21}$$

$$\sigma_x = \sigma_0 + gy = \sigma_0 + \frac{g^2 x^2}{2\sigma_0} \tag{4-22}$$

三、悬点等高时导线弧垂应力及线长的计算

（一）导线的弧垂计算

导线弧垂分为水平弧垂和斜弧垂，如果导线两悬点等高，连线是水平的，其相应各点的弧垂称为水平弧垂；如果两悬点不等高，连线是倾斜的，其相应弧垂则称为斜弧垂。有计算证明，水平弧垂和斜弧垂是近似相等的。因此，所谓弧垂均可泛指为斜弧垂。工程中所谓某点的弧垂就是指某点的斜弧垂，除特殊说明外，均指档距中央弧垂。

1. 中点弧垂的计算

悬点等高时，有 $f = y_A = y_B$，这时将 $x = l/2$ 代入式（4-20），得中点弧垂的近似计算

式（平抛物线计算式），即

$$f = \frac{gl^2}{8\sigma_0} \qquad (4-23)$$

2. 任意点弧垂的计算

如图 4-6 所示，当悬点等高时，利用式（4-20）和式（4-23）可得到任一点 P 的弧垂近似计算式为

$$f_x = y_A - y_x = f - y_x = \frac{gl^2}{8\sigma_0} - \frac{gx^2}{2\sigma_0} = \frac{g}{2\sigma_0}\left(\frac{l^2}{4} - x^2\right) = \frac{g}{2\sigma_0}l_A l_B \qquad (4-24)$$

$$l_A = l/2 - x; \quad l_B = l/2 + x$$

（二）导线应力的计算

架空线各点所受应力的方向，是沿切线方向变化的，最低点处的应力为水平应力，如图 4-6 所示。当悬点等高时，利用式（4-22）可得到导线任一点 P 应力近似计算式。

导线悬点等高时，将 $x = l/2$ 代入式（4-22）得近似计算式

$$\sigma_A = \sigma_B = \sigma_0 + \frac{g^2 l^2}{8\sigma_0} = \sigma_0 + gf$$

$$(4-25)$$

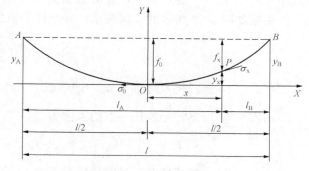

图 4-6　悬点等高的弧垂和应力

式中　σ_A、σ_B——悬点 A、B 的导线应力，$\mathrm{N/mm^2}$。

（三）悬点等高时导线长度的计算

悬点等高时，将 $x = l/2$ 代入式（4-21）得悬点等高时一档导线线长的近似计算式

$$L = l + \frac{g^2 l^3}{24\sigma_0^2} = l + \frac{8f^2}{3l} \qquad (4-26)$$

四、悬点不等高时导线弧垂应力及线长的计算

线路经过地区的地形总是起伏不平的，使用的杆塔高度也变化较多，这必将引起一档导线两侧悬点的高度不相等，一档导线两侧悬点的高度差简称高差。一般来说，如高差小于档距的 15%，即 $h/l < 15\%$，称为小高差档距。此时，档距的应力、弧垂及线长等可采用平抛物线近似式进行计算。

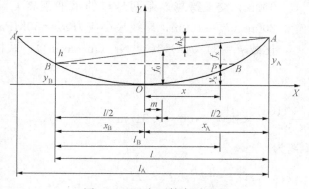

图 4-7　悬点不等高时弧垂

如图 4-7 所示，导线悬挂点不等高时，设档距为 l，比载为 g，最低点 O 的应力为 σ_0。这时导线最低点不在档距中央，而是偏向悬点 B 侧，偏离的水平距离为 m。在曲线上取一点 A' 与 A 对称，取一点 B' 与 B 对称，则 AA' 之间的悬挂曲线称为悬点 A 的等效悬挂曲线，其相应的档距 l_A 称为悬点 A 的等效档距；同理，BB' 的导线

悬挂曲线称为 B 点的等效悬挂曲线，l_B 为 B 点的等效档距。

（一）小高差档距导线弧垂的计算

1. 任意一点弧垂的计算

根据式（4-20）悬点 A、B 两点的纵坐标 y_A，y_B 分别为

$$y_A = \frac{g}{2\sigma_0}x_A^2, \qquad y_B = \frac{g}{2\sigma_0}x_B^2 \qquad (4-27)$$

则悬点 A、B 的高差 Δh 为

$$h = y_A - y_B = \frac{g}{2\sigma_0}(x_A^2 - x_B^2) \qquad (4-28)$$

式中 x_A、x_B——悬点 A、B 至导线最低点 O 的水平距离。

根据如图 4-7 所示的几何关系，导线任一点的高差 h_x 为

$$h_x = \frac{x_A - x}{x_A + x_B}h \qquad (4-29)$$

将式（4-28）代入得 $\qquad h_x = \frac{g}{2\sigma_0}(x_A - x_B)(x_A - x) \qquad (4-30)$

由图 4-7 可见，导线任一点的弧垂为

$$f_x = y_A - h_x - y = \frac{g}{2\sigma_0}(x_B + x)(x_A - x) = \frac{g}{2\sigma_0}l_A l_B \qquad (4-31)$$

式中 x、y——导线任意一点对导线最低点 O 的横纵坐标；

l_A、l_B——悬点 A、B 至导线任意一点的水平距离。

式（4-31）与式（4-25）相同，是计算悬点不等高时，导线任意一点的斜弧垂计算式。

2. 中点弧垂的计算

将 $l_A = l_B = l/2$ 代入式（4-31）即可得到悬点不等高时的中点斜弧垂，即

$$f = \frac{gl^2}{8\sigma_0} \qquad (4-32)$$

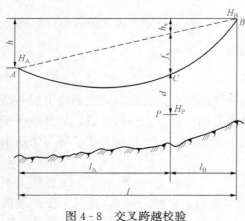

图 4-8 交叉跨越校验

【例 4-2】 某 220kV 输电线路中有一档导线跨越弱电线路，交叉跨越档布置如图 4-8 所示。已知导线悬点高程 $H_A = 50$m、$H_B = 65$m，交叉跨越点高程 $H_P = 47$m，档距 $l = 300$m，交叉跨越点距两悬点的水平距离 $l_A = 200$m、$l_B = 100$m，导线最小应力 $\sigma_0 = 50$MPa，比载 $g = 34.047 \times 10^{-3}$ N/（m·mm²），试校验交叉跨越距离能否满足要求。

解 交叉跨越点导线弧垂为

$$f_x = \frac{g}{2\sigma_0}l_A l_B = \frac{34.047 \times 10^{-3}}{2 \times 50} \times 200 \times 100 = 6.81(\text{m})$$

交叉跨越点导线与弱电线路间垂直距离为

$$d = H_B - h_x - f_x - H_P = H_B - \frac{h}{l}l_B - f_x - H_P$$

$$= 65 - \frac{15}{300} \times 100 - 6.81 - 47 = 6.19 (\text{m})$$

因为 220kV 线路导线与弱电线路最小垂直距离 $[d] = 4.0$m，则 $d > [d]$，所以交叉跨越距离满足要求。

（二）小高差档距导线悬点应力的计算

如图 4 - 7 所示，在悬点不等高时，导线最低点不在档距中点，而向低悬点侧偏移了 m 值，悬点 A、B 的应力分别为

$$\begin{cases} \sigma_A = \sigma_0 + g y_A \\ \sigma_B = \sigma_0 + g y_B \end{cases} \tag{4-33}$$

即只要确定了 y_A、y_B 的值，便可求得悬点应力 σ_A、σ_B。

由图 4 - 7 可知，导线悬点高差为

$$h = y_A - y_B = \frac{g}{2\sigma_0}(x_A^2 - x_B^2) \tag{4-34}$$

$$\begin{cases} x_A + x_B = l \\ x_A = l - x_B \end{cases} \tag{4-35}$$

将上式代入式（4 - 34）中，并整理即得

$$\begin{cases} x_A = \frac{l}{2} + \frac{\sigma_0 h}{gl} \\ x_B = \frac{l}{2} - \frac{\sigma_0 h}{gl} \end{cases} \tag{4-36}$$

对照图 4 - 7 可知，导线最低点偏离档距中点的偏移值为

$$m = \frac{\sigma_0 h}{gl} \tag{4-37}$$

已知

$$\begin{cases} y_A = \frac{g}{2\sigma_0} x_A^2 \\ y_B = \frac{g}{2\sigma_0} x_B^2 \end{cases} \tag{4-38}$$

将式（4 - 36）代入式（4 - 38）、式（4 - 33），即得悬点应力计算式为

$$\begin{cases} \sigma_A = \sigma_0 + \frac{g^2 l^2}{8\sigma_0} + \frac{\sigma_0 h^2}{2l^2} + \frac{gh}{2} \\ \sigma_B = \sigma_0 + \frac{g^2 l^2}{8\sigma_0} + \frac{\sigma_0 h^2}{2l^2} - \frac{gh}{2} \end{cases} \tag{4-39}$$

式中　σ_A、σ_B——悬点 A 和悬点 B 的应力，N/mm^2。

导线力学分析中都是以导线最低点应力作为控制条件，有关规程对导线最低点应力安全系数作了规定。从式（4 - 39）可知，一档导线中高悬点应力最大，它与导线悬点高差和档距有关。为保证导线在悬点处的机械强度，当悬点高差过大时，应验算悬点应力。规程规定，悬点应力可比弧垂最低点应力高 10%，即悬点应力允许为最低点应力的 1.1 倍。

（三）小高差档距导线的线长计算

根据悬点 A 和 B 的等效档距计算其对应线长，由图 4 - 7 可知，悬点 A、B 的等效档距为

$$\begin{cases} l_{A}=2x_{A}=l+\dfrac{2\sigma_0 h}{gl} \\ l_{B}=2x_{B}=l-\dfrac{2\sigma_0 h}{gl} \end{cases} \tag{4-40}$$

由式（4-26）可得

$$L_{A}=l_{A}+\frac{l_{A}^{3}g^{2}}{24\sigma_0^{2}}\ \text{和}\ L_{B}=l_{B}+\frac{l_{B}^{3}g^{2}}{24\sigma_0^{2}} \tag{4-41}$$

根据图4-7可看出悬点不等高时导线的线长可表示为

$$L=\frac{1}{2}(L_{A}+L_{B})=\frac{1}{2}\left[(l_{A}+l_{B})+\frac{g^{2}}{24\sigma_0^{2}}(l_{A}^{3}+l_{B}^{3})\right]$$

将l_{A}、l_{B}的计算式（4-40）代入式（4-41），经整理后得悬点不等高时导线线长的近似计算式

$$L=l+\frac{g^{2}l^{3}}{24\sigma_0^{2}}+\frac{h^{2}}{2l} \tag{4-42}$$

学习任务 4.4　导线的状态方程

【任务描述】

某一线路耐张段，有四个档距，分别为$l_1=190\text{m}$、$l_2=200\text{m}$、$l_3=210\text{m}$、$l_4=220\text{m}$（不考虑悬挂点高差的影响），求此耐张段代表档距l_D。

【任务准备】

（1）导线状态方程的作用是什么？

（2）什么叫耐张段的代表档距？

（3）一般情况下，耐张段中各档导线在一种气象条件下的水平张力（水平应力）是怎样的？

【任务实施】

（1）掌握代表档距的定义和计算方法；

（2）列出代表档距的计算公式、导线状态方程；

（3）计算任务中的代表档距。

【相关知识】

悬挂于两悬挂点间的一档导线，当气象条件发生变化，即导线上作用的荷载或环境气温发生变化时，其悬挂中的导线线长也随之发生变化，从而引起导线的应力、弧垂发生相应的变化。为保证导线在施工与运行中的安全可靠性，必须掌握这种导线应力随气象条件变化的规律，导线的状态方程就是反映这一规律的数学表达式。在已知一种气象条件及应力时，应用状态方程式可以求另一种气象条件下的应力。

一、孤立档距中的状态方程

一条线路中一档导线两端都是耐张杆塔的档距，称之为孤立档距。悬挂在两悬挂点间的一档导线，当周围空气温度和作用在导线上的荷载发生变化时，导线的应力、弧垂及线长也随之发生变化。引起这种变化的主要因素有两个，一是由于气温改变，导线由于热胀冷缩引

起线长变化；二是由于荷载变化（张力变化），导线发生弹性变形而引起线长变化。

对于一档导线，现设档距为 l，气象条件从 m 状态（即气温 t_m、比载 g_m、应力 σ_m）变化到 n 状态（即气温 t_n、比载 g_n、应力 σ_n），则一档线长从 L_m 变化为 L_n，线长的这种变化可认为是分两步完成的，先由于气温的变化，使导线线长由于热胀冷缩从 L_m 变化到 L_t，后由于应力的变化，导线发生弹性变形，导线线长从 L_t 变化为 L_n。这个变化过程可表示为

$$L_t = [1 + \alpha(t_n - t_m)] L_m \tag{4-43}$$

$$L_n = \left[1 + \frac{1}{E}(\sigma_n - \sigma_m)\right] L_t \tag{4-44}$$

将 L_t 代入 L_n 计算式中可得

$$L_n = L_m [1 + \alpha(t_n - t_m)] \left[1 + \frac{1}{E}(\sigma_n - \sigma_m)\right] \tag{4-45}$$

将上式展开，会出现 $\frac{\alpha}{E}(t_n - t_m)(\sigma_n - \sigma_m)$ 项，考虑到 α 和 $1/E$ 的数值很小，其乘积更小，因此将其舍去，从而式（4-45）简化为

$$L_n = L_m \left[1 + \alpha(t_n - t_m) + \frac{1}{E}(\sigma_n - \sigma_m)\right] \tag{4-46}$$

再根据一定气象条件下的线长表达式（4-26）写出 m 和 n 两种气象条件下的导线线长表达式

$$\begin{cases} L_m = l + \dfrac{g_m^2 l^3}{24\sigma_m^2} \\[3mm] L_n = l + \dfrac{g_n^2 l^3}{24\sigma_n^2} \end{cases} \tag{4-47}$$

将式（4-47）代入式（4-46）得

$$l + \frac{g_n^2 l^3}{24\sigma_n^2} = l + \frac{g_m^2 l^3}{24\sigma_m^2} + \left[\alpha(t_n - t_m) + \frac{1}{E}(\sigma_n - \sigma_m)\right]\left(l + \frac{g_m^2 l^3}{24\sigma_m^2}\right) \tag{4-48}$$

因上式中项 $\frac{g_m^2 l^3}{24\sigma_m^2}$ 数值较小，所以它与方括号中数值的乘积很小，可舍去，并将等式两侧同乘以 E/l，则得

$$\sigma_n - \frac{E g_n^2 l^2}{24\sigma_n^2} = \sigma_m - \frac{E g_m^2 l^2}{24\sigma_m^2} - \alpha E(t_n - t_m) \tag{4-49}$$

式中　g_m、g_n——已知气象条件和待求气象条件时比载，N/（m·mm²）；

　　　t_m、t_n——已知气象条件和待求气象条件时气温，℃；

　　　σ_m、σ_n——已知气象条件和待求气象条件时导线应力，N/mm²；

　　　α、E——导线的线膨胀系数，1/℃和弹性系数，N/mm²；

　　　l——档距，m。

式（4-49）即为导线在孤立档中的状态方程式（不计耐张绝缘子串的影响）。当已知一种气象条件（即气温 t_m、比载 g_m）时导线应力为 σ_m，求另一种气象条件（气温 t_n、比载 g_n）时的应力 σ_n，则状态方程式中只有待求应力 σ_n 未知，可以求得。

因状态方程式中除 σ_n 外，其他数据均为已知，所以通常将其写成如下形式

$$
\begin{cases}
A = \dfrac{E g_n^2 l^2}{24} \\[3mm]
B = \sigma_m - \dfrac{E g_m^2 l^2}{24\sigma_m^2} - \alpha E (t_n - t_m)
\end{cases}
\tag{4-50}
$$

代入式（4-49）得

$$
B = \sigma_n - \frac{A}{\sigma_n^2} \quad \text{或} \quad \sigma_n^2 (\sigma_n - B) = A
\tag{4-51}
$$

式（4-51）为三次方程，可利用试凑法求解，也可利用计算机迭代法或函数型计算器求解。

试凑法求解简单方便，但精确度较低。下面介绍一种借助于计算器求解方程准确解的方法。

导线状态方程为 $\qquad \sigma_n^3 - B\sigma_n^2 - A = 0 \quad$ 或 $\quad \sigma_n^2\ (\sigma_n - B) = A$ $\qquad$ (4-52)

判别式为 $\qquad\qquad\qquad \Delta = \dfrac{13.5A}{|B|^3} + C \qquad\qquad\qquad\qquad$ (4-53)

其中 $B>0$ 时 $C=1$，$B<0$ 时 $C=-1$。

如果 $\Delta \geqslant 1$ 有 $\theta = \mathrm{arcch}\Delta$，$\sigma_n = \dfrac{|B|}{3}\left(2\mathrm{ch}\dfrac{\theta}{3} + C\right)$;

如果 $\Delta < 1$ 有 $\theta = \mathrm{arccos}\Delta$，$\sigma_n = \dfrac{|B|}{3}\left(2\cos\dfrac{\theta}{3} + C\right)$。

二、连续档耐张段的代表档距及状态方程式

状态方程式（4-50）是按不计耐张绝缘子串影响的孤立档推导而得的。在实际工程中，一个耐张段往往有许多档距连在一起，称为连续档耐张段。由于地形条件限制，连续档的各档档距及悬点高度不可能相等，则连续档耐张段中导线应力随气象条件变化规律如何呢？

连续档耐张段中的导线在安装时，各档导线的水平张力（水平应力）是按同一值架设的，因此悬垂绝缘子串处于铅垂状态。当气象条件发生变化后，各档导线的水平张力（水平应力）将因各档档距及悬点高度的差异而不相等，这时各直线杆塔上的悬垂绝缘子串将因两侧水平张力不相等而向张力大的一侧偏斜，偏斜的结果促使两侧水平张力获得基本平衡。所以，除档距长度、悬点高差相差悬殊外，一般情况下，耐张段中各档导线在一种气象条件下的水平张力（水平应力）总是相等或基本相等。这个相等的水平应力称为该耐张段内导线的代表应力，而这个代表应力所对应的档距称为该耐张段的水平档距，即连续档耐张段的多个档距对应力的影响可用一个代表档距来等价反映。

当耐张段中各档悬点高差 $h/l < 0.1$ 时，该耐张段的代表档距可按下式计算

$$
l_D = \sqrt{\frac{l_1^3 + l_2^3 + \cdots + l_n^3}{l_1 + l_2 + \cdots + l_n}} = \sqrt{\frac{\sum l_i^3}{\sum l_i}}
\tag{4-54}
$$

式中　l_D——耐张段的代表档距，m；

$\quad\quad\ l_i$——耐张段中各档档距，m。

将孤立档状态方程式中的式（4-49）中的档距 l 用连续档的代表档距 l_D 代替，便得到连续档的状态方程式。导线状态方程式一般用式（4-49）的形式，档距 l 应理解为耐张段的代表档距。

学习任务 4.5　临界档距的确定

【任务描述】

（1）若 $l_{AB}=156m$，$l_{AC}=256m$，$l_{AD}=225m$，$l_{BC}=369m$，$l_{BD}=334m$，$l_{CD}=154m$，判别有效临界档距并做出说明。

（2）某架空线路导线采用 LGJ-120/20 型，通过气象Ⅵ区，试计算临界档距，并确定控制条件。

【任务准备】

（1）什么是应力控制条件，常用的应力控制条件有哪几种？

（2）什么是临界档距？如何进行有效临界档距的判别？

【任务实施】

（1）掌握临界档距的定义和计算方法；

（2）列出临界档距的计算公式；

（3）计算任务中的临界档距，并作出相应的判断。

【相关知识】

一、控制条件

架空线的状态方程式给出了各种气象条件下导线应力间关系，架空输电线路的导线应力是随代表档距的不同和气象条件的改变而变化。在某种气象条件下，架空线应力达到最大，该气象条件称为控制气象条件，与之对应的导线的最大使用应力称为控制应力。在架空线路设计中，必须找到架空线的控制气象条件，保证其最大应力不超过允许使用应力，从而保证其他气象条件下架空线的应力均小于许用应力。控制条件包括控制应力和出现控制应力的气象条件，以控制气象条件和相应的控制应力为已知状态，利用状态方程式求出架线时相应气象条件下的应力和弧垂。按照计算出的应力和弧垂安装导线，便可保证导线在运行中、任何气象条件下，其应力不超过允许值。

一般情况下，从工程设计角度上分析，可能作为控制的气象条件有如下四种。

（1）最低气温、无风、无冰；

（2）最大风速、无冰、相应的气温；

（3）覆冰、相应风速、$-5℃$；

（4）年平均气温、无风、无冰。

前三种情况下，导线可能出现最大应力，因而其控制应力都是导线的最大使用应力。最后一种条件是从导线防振观点提出的，为满足导线耐振的要求，在年平均气温条件下，导线应力不得大于年平均运行应力，导线的平均运行应力上限为其瞬时破坏应力的 25%，即控制应力为 $25\%\sigma_p$。

二、临界档距

以上四种控制条件，并不适用所有的档距范围，各控制条件可能在不同的档距范围内起控制作用，而在某一档距下可能某两个控制条件同时起控制作用，超过此档距时为一个条件控制，而小于此档距时是另一条件控制，这种档距称为该两个控制条件的临界档距。因控制条件可能有四个，对它们进行两两组合，则有六种不同组合。显然，每一种组合的两种控制条件间均有一临界档距，所以临界档距共有六个。

根据临界档距的概念，利用状态方程式可推导得临界档距的计算式为

$$l_j = \sqrt{\dfrac{\dfrac{24}{E}(\sigma_n - \sigma_m) + 24\alpha(t_n - t_m)}{\left(\dfrac{g_n}{\sigma_n}\right)^2 - \left(\dfrac{g_m}{\sigma_m}\right)^2}} \qquad (4\text{-}55)$$

式中　l_j——临界档距，m；

σ_n、σ_m——两种控制条件的控制应力，N/mm²；

g_n、g_m——两种控制气象条件时的比载，N/（m·mm²）；

t_m、t_n——两种控制气象条件时的气温，℃；

α——导线的线膨胀系数，1/℃；

E——导线的弹性系数，N/mm²。

由式（4-55）可见，当两种控制条件的控制应力相等时，式（4-55）可简化为

$$l_j = \sigma_m \sqrt{\dfrac{24\alpha(t_n - t_m)}{g_n^2 - g_m^2}} \qquad (4\text{-}56)$$

式中符号意义与前面提到的相同。

三、有效临界档距的判别

在整个代表档距数轴上，一种控制条件的控制档距区间是连续的，因此四种控制条件即使都起控制作用，也只能是四个档距区间。所以，真正有意义的临界档距最多不会超过三个。若在代表档距数轴上的不同区间有不同的控制条件，则相邻区间起分界作用的临界档距称为有效临界档距。临界档距的计算值有六个，而有效临界档距最多只有三个，因此必须进行判别，以确定有效临界档距，进而确定控制条件及其控制代表档距范围。其判别方法如下。

1. 按照 g/σ 值的大小排列四种控制条件次序

对四种控制条件分别计算 g/σ 的值，并由小到大分别给予 A、B、C、D 的编号。当遇有两种控制条件的 g/σ 值相等时，分别计算这两种控制条件的 $\sigma + \alpha Et$ 值，取其数值较小的控制条件编入序号，而数值较大者实际上不起控制作用，予以舍弃，这时可能的控制条件减少为三个，临界档距也减少为三个。

2. 临界档距列表排列

假设按最大可能，仍有四种控制条件 A、B、C、D，算出每两个气象条件组合之间的临界档距，即有六个临界档距 l_{AB}、l_{AC}、l_{AD}、l_{BC}、l_{BD}、l_{CD}，将计算所得的临界档距按表 4-2 排列。

3. 判别有效临界档距

（1）从 A 栏开始确定有效临界档距。首先查看本栏内各临界档距中有无零或虚数值，只要其中有一个临界档距值为零或虚数时，则该栏内所有临界档距均被舍弃，即该栏内无有效临界档距，这时可转到下一栏（如 B 栏）进行判别。

表 4-2　有效临界档距判别表

A	B	C
$l_{AB}=$	$l_{BC}=$	$l_{CD}=$
$l_{AC}=$	$l_{BD}=$	
$l_{AD}=$		

若栏内所有临界档距值均不为零或不为虚数，则选取该栏中最小的一个临界档距为第一个有效临界档距（如 l_{AB}）。于是 A 栏内与 A 组合的其他临界档距（如 l_{AC}、l_{AD}）即可舍弃。选得的第一个有效临界档距（如 l_{AB}）系为下标中第一个字母表示的控制条件（如 A）所控制的档距范围上限值；下标中后一个字母表示的控制条件（如 B）所控制的档距范围的下限值。

（2）接下来对所选得的第一个有效临界档距下标中后一个字母所代表的栏进行判别，亦即判别后一个字母所代表的控制条件所控制的档距范围的上限值，并确定下一个控制条件。如第一个有效临界档距为 l_{AB}，则对 B 栏进行判别；若第一个有效临界档距为 l_{AC}，则对 C 栏进行判别，这时 B 栏被跨越，即 B 栏没有有效临界档距而全部被舍弃。确定了需判别的栏后，用（1）中的方法选取第二个有效临界档距。

（3）根据上述原则，依次类推，直至判别到最后一栏如 C 栏，或有效临界档距下标中后一个字母为 D，则判别结束。如在判别 A 栏时，选取的第一个有效临界档距为 l_{AD}，则判别结束，有效临界档距只有一个，为 l_{AD}。

（4）在有效临界档距的判别过程中，如在 A、B、C 三栏中均有零或虚数，则没有有效临界档距，此时所有可能的代表档距，其导线应力均受 D 条件控制。

通过上述有效临界档距的判别，最后得一组有效临界档距，这组有效临界档距的下标是依次连接的。将这组有效临界档距标在代表档距数轴上，即将数轴分成若干区间，然后可按有效临界档距下标字母确定每一区间的控制条件。如当有效临界档距 $l_{AC}=150\text{m}$、$l_{CD}=300\text{m}$ 时，其控制情况如图 4 - 9 所示。

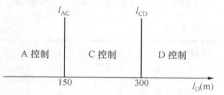

图 4 - 9　有效临界档距判别结果图

判别结果的意义为当代表档距 $l_D<150\text{m}$ 时，导线应力受 A 控制条件控制；当代表档距 l_D 在 150～300m 之间时，导线应力受 C 控制条件控制；当代表档距 $l_D\geqslant300\text{m}$ 时，导线应力受 D 控制条件控制。在利用状态方程求解导线应力时，只需根据代表档距值确定其控制条件，然后将控制条件作为状态方程中的已知条件，即可求取其他气象条件时的应力。

【例 4 - 3】　某 110kV 架空线路，导线为 LGJ－120/25 型，通过气象 V 区，导线强度安全系数为 2.5，防振锤防振，试计算临界档距，并确定控制条件。

解　由附表 1 - 3 查得，LGJ－120/25 型导线的计算拉断力 $T_p=47880\text{N}$，计算截面 $A=146.73\text{mm}^2$，所以导线的综合瞬时破坏应力 $\sigma_p=47880/146.73=326.314\text{N/mm}^2$，由附表 A - 4 查得，弹性系数 $E=76000\ \text{N/mm}^2$，热膨胀系数 $\alpha=18.5\times10^{-6}/℃$。

（1）计算控制应力。

导线强度安全系数为 2.5，则最大使用应力为

$$\sigma_m=\sigma_p/K=130.53(\text{N/mm}^2)$$

在年平均气温条件下，控制应力为平均运行应力的上限，即

$$\sigma_{cp}=\sigma_p\times25\%=326.314\times25\%=81.58(\text{N/mm}^2)$$

（2）可能控制条件列表。

根据比载、控制应力，将有关数据按 g/σ 值由小到大列出表格，并按 A、B、C、D 顺

序编号，见表 4-3，导线比载见附录 B。

（3）计算临界档距。

根据 $\sigma_n \neq \sigma_m$ 时，

$$l_j = \sqrt{\dfrac{\dfrac{24}{E}(\sigma_n - \sigma_m) + 24\alpha(t_n - t_m)}{\left(\dfrac{g_n}{\sigma_n}\right)^2 - \left(\dfrac{g_m}{\sigma_m}\right)^2}}$$

所以

$$l_{AB} = \sqrt{\dfrac{\dfrac{24}{76000} \times (130.53 - 81.58) + 24 \times 18.5 \times 10^{-6} \times (-10 - 15)}{\left(\dfrac{35.195 \times 10^{-3}}{130.53}\right)^2 - \left(\dfrac{35.195 \times 10^{-3}}{81.58}\right)^2}} = 虚数$$

同理

$$l_{BC} = 499.5\text{m}, \quad l_{BD} = 163.76(\text{m})$$

根据 $\sigma_n = \sigma_m$ 时，$l_j = \sigma_m \sqrt{\dfrac{24\alpha(t_n - t_m)}{g_n^2 - g_m^2}}$。

$$l_{AC} = 130.53 \times \sqrt{\dfrac{24 \times 18.5 \times 10^{-6} \times (-10 - 10)}{(35.195 \times 10^{-3})^2 - (63.835 \times 10^{-3})^2}} = 230.96(\text{m})$$

同理 $l_{AD} = 78.67\text{m}$，$l_{CD} = 虚数$。

表 4-3　　　　　　　　　　　　　　可能控制条件排列表

出现控制应力的气象条件	温度（℃）	比载 [N/（m·mm²）]	控制应力（N/mm²）	比值 g/σ	顺序代号
最低气温	-10	$g_1 = 35.195 \times 10^{-3}$	130.53	2.698×10^{-4}	A
年平均气温	15	$g_1 = 35.195 \times 10^{-3}$	81.58	4.314×10^{-4}	B
最大风速	10	$g_{6(30)} = 63.835 \times 10^{-3}$	130.53	4.891×10^{-4}	C
最大覆冰	-5	$g_7 = 85.729 \times 10^{-3}$	130.53	6.568×10^{-4}	D

（4）确定控制条件。

列出临界档距控制条件判别表，见表 4-4。

从表 4-4 可看出，A 栏中 l_{AB} 为虚数，故该栏所有临界档距均无效，后判别 B 栏，选取一个最小临界档距 $l_{BD} = 163.76\text{m}$ 为第一个有效临界档距，舍去值较大者。由于 l_{BD} 为有效临界档距，故 C 栏被跨越，即 C 栏没有有效临界档距。

有效临界档距的判别结果如图 4-10 所示。

表 4-4　　有效临界档距判别表

A	B	C
$l_{AB} = 虚数$	$l_{BC} = 499.50\text{m}$	$l_{CD} = 虚数$
$l_{AC} = 230.96\text{m}$	$l_{BD} = 163.76\text{m}$	
$l_{AD} = 78.67\text{m}$		

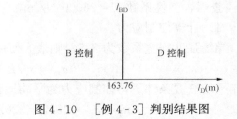

图 4-10　　［例 4-3］判别结果图

从图 4-10 中可得出，当 $l_D \leqslant 163.76\text{m}$ 时，控制气象条件为年平均气温，控制应力为

$\sigma_{\mathrm{cp}} = 81.58\mathrm{N/mm^2}$；当 $l_{\mathrm{D}} \geqslant 163.76\mathrm{m}$，控制气象条件为最大覆冰，控制应力为 $\sigma_{\mathrm{m}} = 130.53\mathrm{N/mm^2}$。

学习任务 4.6　导线应力弧垂曲线的使用

【任务描述】

（1）在图 4-11 中找出临界档距，在大于临界档距时 σ_1 的应力是多少？临界档距上的年平均运行应力是多少？

（2）某输电线路中一耐张段各档档距分别为 200、250、297、220、250m，导线为 LGJ-120/25 型，气象 V 区，安全系数 $K = 2.5$，档距内线路采用防振锤防振。试确定该耐张段中间第三档最高气温时的应力及中点弧垂。

【任务准备】

（1）什么是导线的机械特性曲线？

（2）说明导线机械特性曲线中绘制了哪些内容？

【任务实施】

（1）掌握导线应力弧垂曲线的表示方法；

（2）根据导线应力弧垂曲线查找相应的应力和弧垂值。

【相关知识】

在架空线路设计过程中，为设计计算方便，总是首先计算导线在各种不同气象条件下和不同代表档距时的应力和弧垂，并把计算结果以横坐标为代表档距，纵坐标为应力（或弧垂），并按一定比例绘制出在各种气象条件下的代表档距和应力（或弧垂）的关系曲线，这些曲线称为导线的应力、弧垂曲线（简称导线机械特性曲线），如图 4-11 所示。

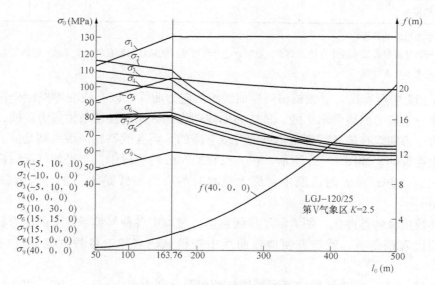

图 4-11　导线机械特性曲线

导线机械特性曲线,是根据广泛调查分析工程沿线有关气象数据等资料的前提下确定的设计条件,包括导线型号、气象区、安全系数和防振措施(以确定年平均运行应力)后,通过下述计算程序绘制而成的。设计条件中任意改变其中之一,会有不同的机械特性曲线,所以应用时必须明确设计条件,特别是输电线路较长时,可能在线路不同区域段采用不同的设计条件。

导线机械特性曲线的计算程序如下。

(1) 确定导线型号及设计气象区;

(2) 确定导线在各种气象条件时的比载;

(3) 确定导线的安全系数及防振措施,计算导线最大使用应力和年平均运行应力;

(4) 计算临界档距并进行有效临界档距判别,确定控制条件及控制范围;

(5) 以有效临界档距判别结果为已知条件,逐一求出其他各种气象条件下各种代表档距时的应力和弧垂值;

(6) 以代表档距为横坐标,应力(或弧垂)为纵坐标,绘制各种气象条件时的应力、弧垂曲线。

导线机械特性曲线并不需要按所有气象条件计算和绘制,根据工程需要一般需计算和绘制的曲线项目见表 4-5。

表 4-5   导线机械特性曲线计算项目表

计算项目 \ 气象条件		大风	覆冰	安装	事故	低温	高温	平均气温	内部过电压	外部过电压	
										有风	无风
应力曲线	导线	△	△	△	△	△	△	△	△	△	△
	避雷线	△	△	△	△	△					△
弧垂曲线	导线	△	*				△				△
	避雷线										△

注 △表示需绘制的曲线。

* 表示当导线最大弧垂发生在最大垂直比载时,应计算覆冰(无风)和稀有覆冰(无风)时的弧垂曲线。

空格栏表示可不计算。

从图 4-11 中可看出,导线机械特性曲线中的应力曲线在以有效临界档距分段的每个区间中,都有一条应力曲线是水平的,该应力曲线即为该区间的控制条件应力曲线,其他各种气象条件的应力曲线在该区间则是单调上升或下降的,而有效临界档距点则是应力曲线的一个折点,为连续的。如图 4-11 所示,在 $l_0 < 163.76m$ 的区段中,年平均气温时应力曲线是水平的;在 $l_0 > 163.76m$ 的区段中,最大覆冰时的应力曲线是水平的,有效临界档距为 $l_j = 163.76m$。

有了导线机械特性曲线,便掌握了导线在运行过程中各种气象条件下的应力状态。当已知耐张段的代表档距时,就能方便地在曲线中查得该耐张段在各种气象条件时的应力和弧垂。

【例 4-4】 有一输电线路中某耐张段各档档距分别为 200、250、297、220、250m,导线为 LGJ-120/25 型,通过气象 V 区,导线强度安全系数为 2.5,防振锤防振。试求该耐张段中间第三档最高气温时的应力及中点弧垂。

解　耐张段代表档距为

$$l_D = \sqrt{\frac{\sum l_i^3}{\sum l_i}} = \sqrt{\frac{200^3 + 250^3 + 297^3 + 220^3 + 250^3}{200 + 250 + 297 + 220 + 250}}$$

$$= 250(m)$$

因该线路设计条件与［例 4-3］中相同，因此可根据 $l_D = 250m$，在机械特性曲线图 4-11 上查取最高气温时应力 $\sigma_0 = 57.09MPa$，则中间第三档 $l = 297m$ 的中点弧垂为

$$f_0 = \frac{gl^2}{8\sigma_0} = \frac{35.195 \times 10^{-3} \times 297^2}{8 \times 57.09} = 6.8(m)$$

学习任务 4.7　导线安装曲线及观测档的弧垂计算

▷【任务描述】

（1）已知某线路耐张段的代表档距为 185m，观测档距 $l_C = 245m$，观测弧垂时的温度为 20℃，由安装曲线查得代表档距 $l_D = 185m$，20℃时的弧垂为 $f_D = 2.7m$，求观测档的观测弧垂 f_C。

（2）已知某悬挂点等高耐张段的导线型号为 LGJ-185，代表档距为 50m，计算弧垂为 0.8m 采用减少弧垂法减少 12% 补偿导线的塑性伸长。现在档距为 60m 的距离内进行弧垂观测。求弧垂为多少时应停止紧线？

⚙【任务准备】

（1）什么是导线的安装曲线？有何用处？

（2）请说明导线的安装曲线中绘制了哪些内容？

（3）什么是导线的初伸长？其对导线的运行有何影响？怎样进行补偿？

（4）观测档如何选取？

▧【任务实施】

（1）掌握导线安装曲线的表示方法；

（2）根据安装曲线查得相应的代表档距；

（3）将代表档距代入弧垂计算公式，计算相应的弧垂值。

▣【相关知识】

一、导线安装曲线计算

导线的安装曲线又称架线弧垂曲线，该曲线功能是用于确定导线在杆塔上的松弛程度。所谓导线安装曲线指以横坐标为档距，以纵坐标为弧垂和应力、利用导线的状态方程式，将不同档距、不同气温时的弧垂和应力绘成曲线，该曲线供施工安装导线使用，并作为线路运行的技术档案资料。

导线和避雷线的架设作业时，现场气温不同。紧线施工前应依据事先准备好的安装曲线，查出各种施工气温下的弧垂，以确定架空线的松紧程度，使其在运行中任何气象条件下的应力都不应超过最大使用应力，且满足耐振条件下，使导线任何点对地面及被跨越物间的距离符合设计要求，保证运行安全。

导线安装曲线通常绘制张力和弧垂两种曲线，如图 4-12 所示。

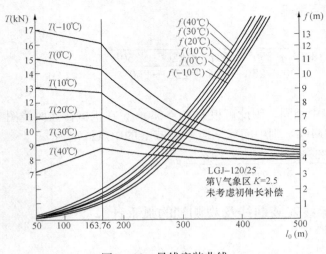

图 4 - 12　导线安装曲线

安装曲线的计算方法与机械特性曲线计算相同。只是其气象条件为无冰无风情况，温度变化范围为最高气温到最低气温，其间隔可取 5℃（或 10℃），档距的变化范围视工程实际情况而定。图 4 - 12 中每一条曲线对应一种安装气象条件。

导线的张力和应力之间的关系为

$$T = \sigma_0 A \qquad (4 - 57)$$

式中　T——导线张力，N；

σ_0——导线应力，N/mm²；

A——导线截面积，mm²。

二、导线的初伸长

1. 初伸长及其影响

安装曲线在使用时，首先应注意曲线绘制时是否已考虑初伸长的影响。

在安装曲线的计算过程中，其应力是通过状态方程求出的，而状态方程中只考虑了导线的弹性变形，但实际上金属绞线不是完全弹性体，因此安装后除产生弹性伸长外，还将产生塑性伸长和蠕变伸长，统称为塑蠕伸长。塑蠕伸长将使导线、避雷线产生永久变形，即张力撤去后这两部分伸长仍不消失，这在工程上称之为初伸长。

初伸长与张力大小和作用时间长短有关，在运行过程中随着导线张力的变化和时间的推移，这种初伸长逐渐被伸展出来，最终在 5～10 年后才趋于稳定。显然，初伸长的存在增加了档距内的导线长度，使弧垂永久性增大，结果使导线对地和被跨越物距离变小、危及线路的安全运行。因此，在线路设计或安装紧线时，导线若为未使用过的新线，必须考虑初伸长的影响，对导线预作补偿或实行预拉，使在长期运行后不致因塑蠕伸长而增大弧垂。

2. 初伸长的补偿

补偿初伸长最常用的方法为减小弧垂法和降低温度法。

（1）减小弧垂法。减小弧垂法即在安装紧线时适当减小弧垂，待初伸长在运行过程中被释放出来后，所增加的弧垂恰好等于架线时减少的弧垂，从而达到设计弧垂。

对于 10kV 及以下的配电线路，一般采用减小弧垂法补偿初伸长对弧垂的影响，弧垂减小的百分数如下：

铝绞线　　　　　　20%

钢芯铝绞线　　　　12%

铜绞线　　　　　　7%～8%

（2）降温法。降温法是目前输电线路广泛采用的初伸长补偿方法，即将安装紧线时的气温降低一定的数值，然后按降低后的温度，从安装曲线查得代表档距的弧垂，再计算出观测档的弧垂，该弧垂即为考虑了初伸长影响的紧线时的观测弧垂。

降低的温度值可采用下列值。

钢芯铝绞线　　　　　　15～20℃

钢绞线　　　　　　　　10℃

钢芯铝绞线的降温值根据铝钢截面比的大小取用，铝钢截面比越大取值越小。

采用减小弧垂法或降温法紧线初伸长补偿，其实质都是减小安装紧线时的弧垂，可以在设计绘制安装曲线时考虑，也可在安装紧线确定观测弧垂时考虑，但不能重复。所以，安装曲线上一般均注有"已考虑初伸长补偿"或"未考虑初伸长补偿"字样，使用时需要注意。

三、施工紧线时的观测弧垂

1. 观测档的选择

在连续档的施工紧线时，并不是每个档都观测弧垂，而是从一个耐张段中选出一个或几个观测档进行观测弧垂。为使一个耐张段的各档弧垂满足所有要求，弧垂观测档应力求符合两个条件，即档距较大及悬挂点高度差较小的线档。具体选择情况要求如下。

（1）当连续档在 6 档及以下时，靠近中间选择一大档距作为观测档；

（2）当连续档在 7 档～15 档时，靠近两端各选择一大档距作为观测档，但不宜选择有耐张杆的档距；

（3）当连续档在 15 档及以上时，应在两端及中间附近各选择一大档距作为观测档；

（4）跨越公路、铁路、河流的线档，以及高差较大线档应作为重要观测档。

2. 观测档的弧垂计算

线路施工时，一般根据各个耐张段的代表档距，分别从图 4-12 的安装曲线上查出各种施工温度 t（要考虑初伸长的影响）下的弧垂，当曲线中没有温度为 t 的安装曲线时，可采用插入法查取。再换算到观测档距的值，以便安装紧线时使用。

当已知代表档距的弧垂时，则观测档距的弧垂计算式

$$f_i = f_D \left(\frac{l_i}{l_D} \right)^2 \tag{4-58}$$

式中　f_i——观测档距的弧垂，m；

　　　f_D——档距的弧垂，m；

　　　l_i——观测档距长度，m；

　　　l_D——档距，m。

【例 4-5】　输电线路某耐张度（如图 4-13 所示）进行导线安装，导线型号为 LGJ-120/25 型，安装曲线如图 4-12 所示，试确定弧垂观测档及观测弧垂值（设现场实测弧垂观测气温为 $t_1 = 7.5℃$，取 $\Delta t = 17.5℃$）。

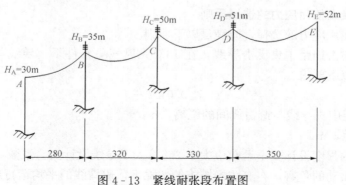

图 4-13　紧线耐张段布置图

解 （1）根据弧垂观测档的选择原则，AB 档和 DE 档不宜作弧垂观测档，因这两档有耐张绝缘子串的影响。BC 档和 CD 档中选择 CD 档较好，因该档悬点高差较小。现选 CD 档为弧垂观测档，观测档档距为 $l=330\text{m}$。

该耐张段的代表档距

$$l_D = \sqrt{\frac{\sum l_i^3}{\sum l_i}} = \sqrt{\frac{280^3 + 320^3 + 330^3 + 350^3}{280 + 320 + 330 + 350}} = 323(\text{m})$$

（2）设现场实测弧垂观测气温为 $t_1 = 7.5℃$，取 $\Delta t = 17.5℃$，则 $t = t_1 - \Delta t = 7.5 - 17.5 = -10℃$。

（3）依据 $l_D = 323\text{m}$，查图 4-12 安装曲线 $t = -10℃$ 时得 $f_D = 5.28\text{m}$。

（4）观测档档距为 $l = 330\text{m}$，所以观测弧垂值为

$$f_i = f_D \left(\frac{l_i}{l_D}\right)^2 = 5.28 \times \left(\frac{330}{323}\right)^2 = 5.51(\text{m})$$

学习任务 4.8 避雷线最大使用应力的确定

【任务描述】

避雷线最大使用应力的确定方法不同于导线，根据避雷线最大使用应力选择的原则和方法确定避雷线最大使用应力。

【任务准备】

（1）避雷线的作用是什么？避雷线的敷设有哪些要求？

（2）避雷线和导线在档中的接近距离是如何考虑的？

（3）如何确定避雷线的最大使用应力？

【任务实施】

（1）熟悉避雷线最大使用应力的选择原则；

（2）确定避雷线最大使用应力。

【相关知识】

前面各任务所述的导线应力、弧垂和线长的分析计算方法同样适用于避雷线。但避雷线最大使用应力的确定方法不同于导线。避雷线是高压和超高压输电线路最基本的防雷保护措施，其主要作用是防止雷直击导线。因此对避雷线必须从防雷这一要求出发来确定其最大使用应力。

一、避雷线最大使用应力的选择原则

避雷线最大使用应力的选择，应满足以下原则。

（1）为防止雷击档距中央反击导线，在 15℃ 无风气象条件下，导线与避雷线在档距中央的距离应满足以下要求

$$s_1 \geqslant 0.012l + 1 \tag{4-59}$$

式中　s_1——档距中央导线与避雷线间的距离，m；

　　　l——档距，m。

（2）避雷线的强度设计安全系数应大于 2.5，大于导线设计安全系数。

（3）为防止振动的危害，在有防振措施的情况下，避雷线的平均运行应力不得超过瞬时

破坏应力的 25%。

二、避雷线最大使用应力的选择方法

1. 一个耐张段避雷线最大使用应力的选择

通常，一个耐张段内避雷线最大使用应力的确定步骤为：首先根据大气过电压（15℃、无风）气象条件下，导线与避雷线在档距中央的距离应满足 $s_1 \geqslant （0.012l + 1）$，确定出避雷线于 15℃、无风时在代表档距时的应力，并以此作为已知条件，应用状态方程式求出其最大使用应力，再验算其安全系数是否满足要求。

为使导线与避雷线在档距中央的接近距离满足过电压保护要求，应从确定导线与避雷线悬点间的距离与适当选择避雷线最大使用应力两方面综合考虑，做到既满足过电压保护，又较经济合理的要求。如避雷线最大使用应力选择过小，为保证导线与避雷线在档距中央的距离要求，需加大导线与避雷线悬点间的距离，增加杆塔高度；反之，导线与避雷线悬点间的距离很小，必须提高避雷线最大使用应力，将使耐张杆塔的受力增大，同时有可能超过避雷线防振对其应力的限制。

现设导线与避雷线悬点间距离已确定，按导线与避雷线间距离满足 s_1 的要求选择避雷线最大使用应力。

（1）15℃、无风气象条件时一个耐张段避雷线最大使用应力的选择 15℃、无风气象条件时的一档导线和避雷线如图 4 - 14 所示。

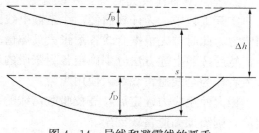

从图 4 - 14 中可看出导线与避雷线间的垂直距离（一般略去水平距离）为

$$s_1 = \Delta h + f_D - f_B = \Delta h + \frac{l^2}{8}\left(\frac{g_D}{\sigma_D} - \frac{g_B}{\sigma_B}\right)$$

因为　　　　　　　　　$s_1 \geqslant 0.012l + 1$

图 4 - 14　导线和避雷线的弧垂

经整理得

$$\sigma_B \geqslant \cfrac{g_B}{\cfrac{g_D}{\sigma_D} - \left[\cfrac{0.096}{l} - \cfrac{8(\Delta h - 1)}{l^2}\right]} \tag{4 - 60}$$

由式（4 - 60）可看出，分母中方括号里的值越大，σ_B 越大。将方括号中的值用 Δx 表示，令 $d\Delta x / dl = 0$，即可得到 Δx 为最大值时的对应档距，此档距称为控制档距，用 l_K 表示

$$l_K = 166.6(\Delta h - 1) \tag{4 - 61}$$

将 l_K 代入 Δx 可得 $\Delta x_{max} = \dfrac{2.88 \times 10^{-4}}{\Delta h - 1}$，此时避雷线的应力为

$$\sigma_B \geqslant \cfrac{g_B}{\cfrac{g_D}{\sigma_D} - \cfrac{2.88 \times 10^{-4}}{\Delta h - 1}} \tag{4 - 62}$$

式中　g_D、g_B——导线、避雷线的自重比载，N/（m・mm²）；

　　　σ_D、σ_B——导线、避雷线在 15℃，无风时的应力，N/mm²；

　　　Δh——导线与避雷线悬挂点间的高差，m。

控制档距 l_K 的意义为当以 l_K 值代替 1 值代入式（4-60）中，求得在某代表档距下的避雷线控制应力 σ_B 时，则档距长度为 l_K 一档的导线与避雷线在档距中央的间距，恰好满足 s_1 的要求，而长度大于或小于 l_K 的档距中导线和避雷线之间距均有富余。

在实际工程中，若 l_K 介于耐张段中最大档距和最小档距之间，即 $l_{min} < l_K < l_{max}$ 时，用式（4-60）计算的 σ_B 能保证所有档距中导线与避雷线在档距中央的距离满足规程要求。若耐张段中的最大档距 $l_{max} \leq l_K$ 时，为降低 σ_B 以免避雷线不必要的过紧及减小杆塔荷载起见，可令 $l_K = l_{max}$ 代入式（4-60）计算 σ_B，此时最大档距及以下档距中，导线和避雷线之间距均能满足要求；若耐张段中的最小档距 $l_{min} \geq l_K$ 时，则可用最小档距 l_{min} 代入式（4-60）计算 σ_B，此时大于及等于最小档距的档距，间距均能满足要求。

（2）一个耐张段避雷线最大使用应力的选择方法。

以上求出了大气过电压（15℃、无风）时的避雷线的应力 σ_B，将此 σ_B 和大气过电压时的气象条件作为已知数据代入状态方程式，求出年平均气温时的应力 σ_{B1}，然后将其与年平均运行应力 σ_{Bcp} 相比。如果 $\sigma_{B1} < \sigma_{Bcp}$，则仍以 σ_B 及其气象条件为已知条件，利用状态方程式求出最大覆冰、最大风速计最低气温时的应力，取其大者即为所选择的避雷线最大使用应力；如果 $\sigma_{B1} > \sigma_{Bcp}$，则需加高避雷线支架后重新计算。

2. 全线避雷线最大使用应力的确定

实际工程中，为计算简便，一条输电线路各耐张段一般情况下取用统一的避雷线最大使用应力，此时首先根据全线各耐张段具体情况，估计几个代表档距并确定最小档距和最大档距，然后按照上述方法分别确定各耐张段的最大使用应力，再取各耐张段最大使用应力中的最大者作为全线避雷线最大使用应力。

最大使用应力确定后，需校验避雷线的强度安全系数是否满足要求，如安全系数小于规定值，则需加高避雷线支架。

习 题 与 思 考 题

4-1　某悬点等高档距，$l = 360m$，导线自重比载 $g_1 = 34.038 \times 10^{-3}$ N/（m·mm²），最高气温时导线应力为 $\sigma_0 = 67.3$N/mm²，试计算：

（1）档距中点弧垂；

（2）距杆塔 100m 处的弧垂；

（3）悬点应力；

（4）档中导线的长度。

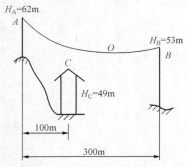

图 4-15　题 4-2 图

4-2　某 35kV 输电线路中某处交叉跨越房屋，档距布置如图 4-15 所示，已知最大弧垂时导线比载为 $g_1 = 34.038 \times 10^{-3}$ N/（m·mm²），应力 $\sigma_0 = 66$ N/mm²，试校验：

（1）最大弧垂时交叉跨越距离能否满足要求？

（2）如在运行中实测导线与房屋顶的垂直距离为 5.0m，实测气温为 15℃，已知 $\sigma_{15} = 81.6$N/mm²，交叉跨越距离能否满足要求？

4-3　已知某耐张段代表档距 $l_D=400\mathrm{m}$，导线为 LGJ-120/20 型，气象 II 区，且已知大风气象条件时导线应力为 $\sigma_m=130.5\mathrm{N/mm^2}$。试求最高气温时导线应力。

4-4　设导线为 LGJ-120/20 型，气象 II 区，安全系数 $K=2.5$，年平均运行应力 $\sigma_{cp}=0.25\sigma_p$，试进行临界档距的计算和判别。该线路中某耐张段各档档距分别为 250、320、310、300、290m，试求该耐张段在最高气温时导线应力。

学习情境 5

导线和避雷线的振动与防振

【情境描述】

　　一般情况下，高压架空线路的在风力作用下，会发生较强烈的振动。导线振动时，导线悬挂处的工作条件最为不利。长时间和周期性的振动，将造成导线疲劳损坏，使导线发生断股，甚至断线。强烈的振动有时还会破坏金具和绝缘子。为确保线路的安全运行，在设计阶段应采取相应措施，防止导线、地线振动给线路造成危害。

【教学目标】

　　知识目标：

　　（1）掌握导线振动的类型的区分的方法；

　　（2）掌握导线产生振动时的特性与影响因素的分析；

　　（3）熟悉线导线防振锤的选取条件与安装步骤；

　　（4）了解常用防振锤的类型。

　　能力目标：

　　（1）学会分析各种因素对导线振动的影响；

　　（2）能根据给定条件进行防振锤个数的选取；

　　（3）根据给定条件为确保线路安全运行选取适当的防振锤类型及安装距离。

　　态度目标：

　　（1）能主动学习，在完成任务过程中发现问题，分析问题和解决问题；

　　（2）勤于思考，善于分析与总结问题；

　　（3）具有团队意识和团队协作的能力，能够协同团队成员共同完成学习任务；

　　（4）具有不怕苦、不怕累的职业精神，能够通过团结合作树立良好的职业品质。

【教学环境】

　　多媒体教室、一体化教室、架空输配电线路实训基地等。

学习任务 5.1　导线和避雷线振动分析

【任务描述】

　　线路的在风力作用下，导线发生长时间、周期性的振动，将造成导线疲劳损坏，使导线发生断股甚至断线，危及线路的安全运行。在设计阶段，分析导线振动的原因及影响导线振动的因素，列出防止导线振动的措施。

⚙ 【任务准备】

（1）导线、避雷线振动的原因有哪些？

（2）导线、避雷线振动的特性及影响因素有哪些？

（3）导线、避雷线防振的措施有哪些？

📖 【任务实施】

（1）根据给定条件分析导线振动是否能够产生。

（2）根据给定条件能进行导线应力分析。

📖 【相关知识】

一、导线的振动和防振

风作用于架空线，一方面产生水平载荷，另一方面是导线振动。架空线的振动按频率和振幅的大小分为微风振动（风振动）和舞动，采用分裂导线的线路，振动形式为次档距振动。

1. 微风振动

架空输电线路的导线（避雷线）受到稳定的微风作用时，便在导线背后形成以一定频率上下交替变化的气流旋涡，如图 5-1 所示，从而使导线受到一个上下交变的脉冲力作用。当这个脉冲力的频率与架空线固有自振频率相等时，产生谐振，即为风振动。

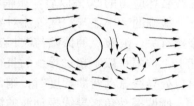

图 5-1　引起导线振动的气流旋涡

风振动的频率较高（10～120Hz），振幅较小（很少超过导线的直径），振动的时间达全年时间的 30%～50%。风振动波为驻波，即波节不动，波腹上下交替变化，无论导线以什么频率振动，在其线夹出口处总是波节点，所以导线振动使导线在线夹出口处反复拗折，引起材料疲劳，最后导致断股甚至断线事故、对线路的正常安全运行危害较大。

2. 舞动

舞动的频率很低（周期约为几秒钟一次）、振幅很大（可达几米）的振动，容易引起导线相间闪络造成短路事故。舞动主要发生在架空线覆冰且有大风的地区，当导线覆冰厚度达 3mm 以上，气温在 0℃附近，若遇大风则容易发生舞动。从导线自身的角度看，易引起舞动的原因是：导线截面大（直径超过 40mm）、分裂导线根数较多、导线离地较高等，此外，电晕严重的线路，导线也易发生由电晕引起的舞动。

3. 次档距振动

分裂线路的次档距振动是指相邻间隔棒之间导线的振动，其频率（1～2Hz）和振幅（5～10cm）均介于前两振动之间，也有称为次档距舞动。次档距振动可能使同相子导线相互鞭击，造成导线破损、间隔棒破坏，甚至损坏金具，使导线落地。

二、导线振动的特性与影响因素

1. 导线振动特性

了解振动波运动规律首先应明确以下有关参数：

1）振幅波离开水平位置的距离，m；

2）波长振动波在一个周期内所行进的长度，m；

3）频率单位周期内（波长）所变化的次数，次/Hz。

（1）振动波形、振幅和振动角。导线的振动是沿整档导线呈驻波分布的，即导线离开平衡位置的位移大小无论在时间上还是沿档距长度上都按正弦规律变化的，同时在同一频率下，波腹点 A_m（最大振幅）及波节（即半波长的整数倍）在导线上的位置恒定不变。某一频率时导线振动的波形示意图如图 5-2 所示。

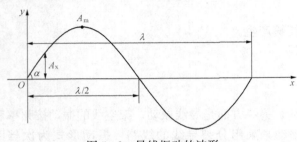

图 5-2　导线振动的波形

图中，坐标原点为波节点，导线离开平衡位置 Ox 轴距离 A_x 称为振幅。位移中最大值 A_m 称为最大振幅。

统计观察表明，导线的振幅与导线应力的大小有关，当导线应力为导线破坏应力的 8% 时，振幅接近零；导线应力增加到导线破坏应力的 10%～15% 时，振幅迅速增大；当导线应力增加到导线破坏应力的 20% 以后，振幅趋于饱和变化很小。

振幅的大小还与空气气流对导线的冲击形式和气流能量的大小有关，并与导线各股间的摩擦有关，波腹点的振幅与波长有关，且在既是低频率振动又是最大波长时的振幅最大。实际上，振幅一般不超过导线的直径，最大振幅也不会超过导线直径的 2～3 倍。在评价线夹出口处导线振动弯曲程度时，则常以线夹出口处振动角来表示更为直观。

所谓振动角指导线振动波的波节点处，导线对中心平衡位置的夹角，如图 5-2 中的 α。显然 α 是振动波在节点处的斜率角，且最大振幅时振动角也最大。如果在运行中测得距线夹出口处 x 点的振幅为 A_x，则可按下式求得最大振动角 α_m 为

$$\alpha_m = \arctan \frac{2\pi A_x}{\lambda \sin \frac{2\pi}{\lambda}} \tag{5-1}$$

式中　α_m——最大振动角；

　　　λ——振动波波长，m；

　　　x——测量点与线夹出口处的距离，m；

　　　A_x——测量点振动波的振幅，m。

通常在运行线路上，导线的振动角一般在 $30'\sim50'$ 间，当振动特别强烈时，则接近 $1°$。如此大的振动角，很快就会使导线断股，因此一般架空输电线路均需采取防振措施，且在导线紧线后应尽快安装防振器具，以使导线的振动角减小到允许范围内。

导线的允许振动角见表 5-1，这是衡量振动的严重程度和评价防振装置的防振效果的标准。

表 5-1　　　　　　　　　　　　　　导线的允许振动角　　　　　　　　　　　　　　　　（′）

平均运行应力	允许振动角	平均运行应力	允许振动角
$\leqslant 25\%\sigma_p$	10	$>25\%\sigma_p$	5

（2）导线振动的频率和波长。导线振动是由于气流旋涡的交替变化频率与导线的固有自振频率相等而发生的共振。

根据试验，当导线受到稳定的微风作用时，气流旋涡的交替变化频率与风速和导线直径有关，其频率可由下式确定

$$f_{\mathrm{F}} = 200\,\frac{v}{d} \tag{5-2}$$

式中　　f_{F}——气流旋涡的交替变化频率，Hz；

　　　　v——风速，m/s；

　　　　d——导线直径，mm。

一个物体在振动过程中，如果没有能够影响其振动的力去干扰它，则振动的振幅将保持不变，并在只有回复力的作用下永远继续下去，这样的振动叫自由振动（未强迫）。物体做自由振动的频率叫作物体的固有自振频率，固有自振频率是由组成系统的物体本身决定的，输电线路的导线可以看为两端固定的一条弦线。导线的固有自振频率可用下式表示

$$f_{\mathrm{D}} = \frac{v}{\lambda}\sqrt{\frac{9.81}{W}} \tag{5-3}$$

或

$$f_{\mathrm{D}} = \frac{1}{\lambda}\sqrt{\frac{9.81\sigma}{g_1}} \tag{5-4}$$

式中　　f_{D}——导线的固有自振频率，Hz；

　　　　W——导线的单位长度重力，N/m；

　　　　σ——导线的应力，MPa；

　　　　g_1——导线的自重比载，N/（m·mm²）。

导线的振动是由气流旋涡引起的上下交变的冲力作用而维持的振动，因此是一种受迫振动。物体做受迫振动时，其振动频率总是等于策动力的频率，它的振幅与其固有自振频率和策动力的频率有关。当物体的固有自振频率和策动力频率相等时，其振动的振幅最大，这种现象称为共振。一般所说的导线振动，是指导线固有自振频率和气流旋涡的交替变化频率相等时的振动，即 $f_{\mathrm{D}} = f_{\mathrm{F}}$。

由 f_{D} 和 f_{F} 计算式可知，导线固有自振频率 f_{D} 和导线应力 σ 有关，随着应力的变化，导线有不同的固有自振频率；气流旋涡的交替变化频率 f_{F} 与风速 v 有关。因此，当气流旋涡的交替变化频率 f_{F} 与导线某一固有自振频率 f_{D} 相等时，导线在该频率下产生共振，此时振幅达到最大值。当风速变化而使之变化时，振幅将有所下降，同时导线应力也有所变化，导线固有频率也随之变化。

此时有可能在另一频率下实现 $f_{\mathrm{D}} = f_{\mathrm{F}}$，产生新的共振。因此振动的频率不是唯一的，根据共振的条件 $f_{\mathrm{D}} = f_{\mathrm{F}}$ 则可以求出导线振动波的波长为

$$\lambda = \frac{d}{200v}\sqrt{\frac{9.81\sigma}{g_1}} \tag{5-5}$$

振动波的半波长为

$$\frac{\lambda}{2} = \frac{d}{400v}\sqrt{\frac{9.81\sigma}{g_1}} \tag{5-6}$$

2. 影响振动的因素

影响振动的因素主要包括风速、风向、档距、悬点高度、导线应力以及地形、地物等。

(1) 风速影响。引起振动的基本因素是均匀稳定的微风。一方面，导线振动的产生和维持需要一定的能量（克服空气阻力、导线股线间的摩擦力等所需的最小能量），这些能量需由气流旋涡对导线的冲击能量转化而来。一般产生导线振动的最小风速取 0.5～0.8m/s，风速再小就不会发生振动。另一方面，若维持导线的持续振动，其振动频率必须相对稳定，也即要求风速应具有一定的均匀性。如果风速不规则地大幅度变化，则导线不可能形成持续的振动，甚至不发生振动。影响风速均匀性的因素有风速的大小，导线悬挂高度、档距、风向和地貌等。

当风速较大时，由于与地面摩擦加剧，使地面以上一定高度范围内的风速均匀性遭到破坏。如果档距增大，则为保证导线对地距离，导线悬挂点必然增高。离地面越高，风速受地貌的影响越小，均匀性越好。所以必须适当选择引起导线振动的风速范围。

当风速小于 0.5～0.8m/s 时，虽然可形成均匀稳定气流，但它给予导线的能量小而不足以使导线振动，由此称为下限风速。反之，风速过大时，由于不能形成均匀稳定气流其导线振动条件破坏，也不会使导线振动。将导线产生振动的最大风速称为上限风速，其值约 5m/s 左右。

根据在平原开阔地区的观察结果表明，当风向和线路方向呈 45°～90°夹角时，导线易产生稳定振动；在 30°～45°时，振动的稳定性较小；夹角小于 20°时，则很少出现振动。

因此，引起导线振动既与风速有关，也与风向有关。风速过大不易形成均匀稳定气流，风速过小其能量较小，则均不能使导线振动，而风向影响着导线的振动稳定性问题。

(2) 导线的直径和档距的影响。由波长计算式 (5-6) 可知，振动波的波长和导线直径有关；在振动过程中，档距 L 中振动波的半波数 n 应为整数，即

$$n = \frac{L}{\frac{\lambda}{2}} = \frac{2L}{\lambda} \tag{5-7}$$

则

$$\lambda = \frac{2L}{n} \tag{5-8}$$

将式 (5-8) 代入式 (5-6) 可得

$$n = \frac{L}{d} \times 400v \sqrt{\frac{g_1}{9.8\sigma}} \tag{5-9}$$

即当风速和导线应力不变时有 $n \propto \frac{L}{d}$。

由式 $n \propto \frac{L}{d}$ 可知，档距越大、导线直径越小，档中形成完整半波数的机会越多，即导线产生共振的机会越多，导线共振程度也越严重。实际观测证实，档距小于 100m 时，很少见到振动；在 120m 以上时，导线振动增多；在跨越河流，山谷等高杆塔大档距的地方，可以观测到较强烈的振动。

综上所述，一般开阔地区易产生平稳、均匀的气流，因此，凡输电线路通过平原、沼地、漫岗、横跨河流和平坦的风道，认为是易振区，且线路走向和全年主导风向垂直或夹角大于 45°时，有较强的振动。

（3）应力对振动的影响。导线的应力是影响导线振动烈度的关键因素，且对导线振动的频带宽度有直接影响。

由式（5-3），导线的自由振动频率与导线的应力成正比，可知静态应力越大，振动频带宽度越宽，越容易产生振动。另一方面，导线长期受振动的脉动力作用，相当于一个动态应力叠加在导线的静态应力上。而导线的最大允许应力是一定的，由此可见，静态应力越大，振动越厉害，动态应力越大，对线路的危害越严重。而且随着静态应力的增大，导线本身对振动的阻尼作用也显著降低，这更加重了振动的烈度，更易使导线材料疲劳，引起断股断线事故。

导线的悬挂点总是波节点，任何波长下均不变，而且此点导线的静态应力最大。因此，要求最易使导线振动的可能气象条件下的导线最大允许应力应有所限定。由此可见，为什么前面提到的年平均运行应力也成为导线的可能控制应力。

因此，在线路设计考虑防振问题时，需要选择一个导线长期运行过程中运行时间最长、最有代表性的气象条件，即所谓"年平均气温"气象条件，并规定这个气象条件下导线的实际应力不得超过某一规定值，即"年平均运行应力"。根据运行经验，一般对架空输电线路的导线的平均运行应力和防振措施规定见表 5-2。

表 5-2 架空输电线路的导线的平均运行应力和防振措施

情况	防振措施	平均运行应力上限（瞬时破坏应力的%）	
		LGJ	GJ
档距不超过 500m 的开阔地区	不需要	16	12
档距不超过 500m 的非开阔地区	不需要	18	18
档距不超过 120m	不需要	18	18
不论档距大小	护线条	22	—
	防振锤（阻尼线）或另加护条线	25	25

3. 输电线路的防振措施

在输配电线路新建工程的设计中，对新建线路拟采取的防振措施主要应从以下三方面着手考虑。

（1）尽量减弱产生振动的条件。如尽量避免线路通过开阔地带，降低导线的年平均运行应力等。

（2）加强导线自身的耐振能力。可采用疲劳强度极限高的导线，采用柔性横担、偏心导线，安装护线条、预绞丝，改善线夹结构等。

（3）吸收导线的振动能量，降低振动强度。可在线路上加装防振装置，如防振锤和阻尼线，或采用自阻尼大的导线。

学习任务 5.2 防振锤的安装

【任务描述】

某架空线路中，有一耐张段各档档距分别为 200、360、273m，导线为 LGJ-95/20 型，导线直径为 13.87mm，自重比载 $g_1 = 35.187 \times 10^{-3}$ N/ (m·mm²)，代表档距 $l_{re} = 300$m，已知导线最高气温时应力为 68.55MPa，最低气温时应力为 99.45MPa，试选防振锤型号、安装距离并统计该耐张段所需安装的防振锤个数。

⚙ 【任务准备】
(1) 防振锤防振的原理是什么？
(2) 如何选取防振锤的型号？
(3) 如何确定防振锤的安装距离及安装防振锤的个数？

【任务实施】
根据给定条件选取防振锤型号、确定安装距离，并统计所需防振锤个数。

【相关知识】
一、防振锤防振原理
架空线的防振措施，主要是在线缆上安装一种专门的减振装置，它可直接或间接地消耗线缆振动的能量。

为防止和减轻导线的振动（风引起的在垂直面上的周期性摆动，且在整个档距内形成一系列振幅不大的驻波），一般在悬挂导线线夹的附近安装一定数量的防振锤。当导线发生振动时，防振锤也上下运动，产生一个与导线振动不同步甚至相反的作用力，可减少导线的振幅，甚至消除导线振动。

防振锤是由一段短的钢绞线在其两端各装一个重锤，中间由专为装于导线上使用的夹板组成。当导线振动时，夹板随着导线上下移动，由于两端重锤具有较大的惯性不能和夹板同步移动，致使防振锤的钢绞线不断上下弯曲。重锤的阻尼作用减小了振动的振幅，而钢绞线的变形及股线间的摩擦则消耗了导线振动传给它的能量，从而减小了导线的振动。

导线振动的振幅越大，防振锤的钢绞线上下弯曲挠度越大，消耗的能量越多，振幅减小，防振锤消耗的能量随之下降，最后在能量平衡的条件下导线以很低的振幅振动，这就是防振锤的防振原理。严格来说防振锤并不是"防振"，而是将振动限制到无危险的范围。

从防振锤的防振原理可见，若使防振锤最大限度地消耗导线振动能量，要在防振锤选择和安装时，以防振锤的钢绞线能产生最大挠度为原则。

二、防振锤的选型
在选择防振锤型号时，首先要保证防振锤的固有频率与导线可能发生的振动频率范围相适应；其次防振锤的质量要适当，太轻消振效果差，太重可能在防振锤安装位置形成新的波节点，另外，还应与导线型号相配合，防振锤的选择参见表 5-5。

三、防振锤的安装
在确定防振锤安装位置时，其出发点是防振锤在这个位置上应能有效地减弱导线振动。

导线的振动是沿整档导线呈驻波分布的，导线悬挂点处无论何种频率的振动均为一固定的波节点，因此防振锤应安装在悬点附近，另外，防振锤应安装在波腹点附近，这样防振锤甩动幅度最大，消耗振动能量最多，然而，导线振动的频率和波长并非是唯一的，而是在一定范围内变化。为使防振锤的安装对各种频率和波长的振动都能发挥一定的防振作用，就应照顾到出现最大及最小波长时，自然地对中间波长的振动具有更好的防振效果。

综上所述，当安装一个防振锤时，其安装位置的确定原则是在最大波长和最小波长情况下，防振锤的安装位置在线夹出口处第一个半波范围内，并对两种波长的波节点或波腹点具

有相同的接近程度，即在这两种情况下，防振锤安装点的"相角"的正弦绝对值相等即 $|\sin\theta_m| = |\sin\theta_n|$，如图 5-3 所示。

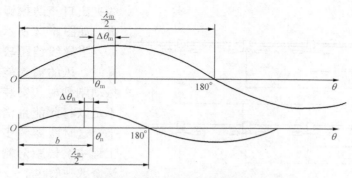

图 5-3　防振锤安装点的"相角"的正弦绝对值

导线振动最大半波长产生的条件是最小振动风速和最大静态应力发生的结果，其关系式表示为

$$\frac{\lambda_m}{2} = \frac{d}{400v_n}\sqrt{\frac{9.8\sigma_m}{g_1}} \tag{5-10}$$

式中　λ_m——振动波的最大波长，m；

　　　v_n——振动的下限风速，m/s；

　　　σ_m——最低气温时导线应力，MPa。

式中 σ_m 为导线最低气温时的应力，注意到导线在最低温条件时应力不一定是导线最大静态应力，实际也可能是最大风或覆冰条件下使导线受到最大静态应力。这两种条件下均不能出现成均匀稳定气流，其导线不会振动。因此，能使导线振动且使导线受到最大静态应力气象条件中，则只有最低温条件才能成立。

同理，导线振动最小半波长产生的条件是最大振动风速和最小静态应力发生的结果，其关系式表示为

$$\frac{\lambda_n}{2} = \frac{d}{400v_m}\sqrt{\frac{9.8\sigma_m}{g_1}} \tag{5-11}$$

式中　λ_n——振动波的最小波长，m；

　　　v_m——振动的上限风速，m/s；

　　　σ_m——最高气温时导线应力，MPa。

式中 σ_m 为导线最高气温时的应力，因最高气温条件下能够形成均匀稳定气流可能使导线振动，而此条件下导线的静态应力最小。

根据上述原则，当满足 $|\sin\theta_m| = |\sin\theta_n|$ 时，可以推得防振锤安距离计算式为

$$b = \frac{\dfrac{\lambda_m}{2} \times \dfrac{\lambda_n}{2}}{\dfrac{\lambda_m}{2} + \dfrac{\lambda_n}{2}} \tag{5-12}$$

式中　b——防振锤的安装距离，m。

防振锤的安装距离 b，对悬垂线夹来说，指自线夹出口至防振锤夹板中心间的距离；对

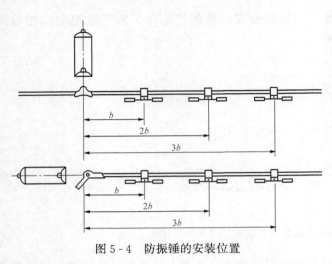

图 5-4　防振锤的安装位置

耐张线夹来说，当采用一般轻型螺栓式或压接式耐张线夹时，也指自线夹出口至防振锤夹板中心间的距离，如图 5-4 所示。

当导线档距较大，悬点高度较高时，风的输入能量很大而使导线振动剧烈时，安装一个防振锤可能不足以将此能量消耗至足够低的水平，这时就需装多个防振锤。实际工程中，档距两侧各需安装的防振锤个数一般在 1～3 个之间。

多个防振锤一般均按等距离安装，即按照前述方法计算得第一个防振锤的安装距离 b 则第二个为 $2b$，第三个为 $3b$。

防振锤防振一般应用于档距大于 120m 的高压架空线路。对于钢芯铝线，防振锤质量为

$$W = 0.4d - 2.2 \tag{5-13}$$

式中　d——钢芯铝绞线的外径，mm。

防振锤的安装位置最好在"波峰"点处，使其上下甩动幅度最大，从而起到消耗最大振动能量的作用。安装时一般大头朝向杆塔 S，安装方向应与导线在同一垂直面内。安装位置误差应不大于 ±30mm，安装个数、距离、型号见表 5-3～表 5-5。为防止导线损伤，在安装防震锤前必须缠绕铝包带，顺导线外层绕制方向，所缠绕铝包带露出夹口长度小于或等于 10mm，铝包带两头应有回头。

表 5-3　　　　　　　　　　　　　　防振锤安装个数

导线直径	档距（m）		
	1 个	2 个	3 个
$d < 12$	≤300	300～600	600～900
$12 \leqslant d \leqslant 22$	≤350	350～700	700～1000
$22 < d < 37.1$	≤450	450～800	800～1200

表 5-4　　　　　　　　　　　　　　防振锤安装距离　　　　　　　　　　　（m）

安装距离＼档距　导线型号	100	120	140	160	180	200	220	240	280	300	320
LGJ-70	0.645	0.636	0.63	0.62	0.61	0.61	0.61	—	—	—	—
LGJ-95	0.81	0.83	0.83	0.82	0.81	0.81	0.81	—	—	—	—
LGJ-120	0.907	0.92	0.94	0.94	0.93	0.93	0.93	0.93	0.93	—	—
LGJ-150	0.966	1.02	1.04	1.05	1.07	1.07	1.07	1.07			

续表

导线型号 ＼ 档距 安装距离	100	120	140	160	180	200	220	240	280	300	320
LGJ - 185	1.082	1.10	1.16	1.15	1.17	1.17	1.08	1.18	1.182	—	—
LGJ - 240	1.132	1.17	1.20	1.12	1.25	1.26	—	1.28	1.281	—	—
LGJ - 35	0.637	—	0.64	0.64	—	0.64	—	0.63	—	—	—
LGJ - 50	0.732	—	0.74	—	0.74	—	0.74	—	0.74	0.73	0

注　在同一耐张段内，防振锤的安装距离相同。

四、阻尼线的安装

阻尼线是一种消振性能很好的防振装置，它采用一段挠性较好的钢丝绳或与导线同型号的绞线。阻尼线平行地敷设在导线下侧，并在适当的位置用 U 形夹子或绑扎方法与导线固定，沿导线在线夹两侧形成递减型垂直花边波浪线。

下面以【任务描述】为例，计算如何根据给定条件选取防振锤的型号、确定安装距离，并统计所需防振锤个数。

由防振锤型号列表数据表 5-5 查得，选用 FD-2 型防振锤。确定振动风速，$v_m = 5$m/s，$v_n = 0.5$m/s，则

$$\frac{\lambda_m}{2} = \frac{d}{400 v_n}\sqrt{\frac{9.8\sigma_m}{g_1}} = \frac{13.87}{400 \times 0.5} \times \sqrt{\frac{9.81 \times 99.45}{35.187 \times 10^{-3}}} = 11.548(\text{m})$$

$$\frac{\lambda_n}{2} = \frac{d}{400 v_m}\sqrt{\frac{9.8\sigma_n}{g_1}} = \frac{13.87}{400 \times 5} \times \sqrt{\frac{9.81 \times 68.55}{535 \times 10^{-3}}} = 0.959(\text{m})$$

$$b = \frac{\frac{\lambda_m}{2} \times \frac{\lambda_n}{2}}{\frac{\lambda_m}{2} + \frac{\lambda_n}{2}} = 0.89(\text{m})$$

该耐张段防锤的型号选用 FD-2 型、安装距离为 0.89m、所需防振锤个数见表 5-6。

表 5-5　　　　　　　　**防振锤选择规格**

型号	导线截面积（mm²）	地线截面积（mm²）	质量（kg）
FD - 1	35～50		1.5
FD - 2	70～90		2.4
FD - 3	120～150		4.5
FD - 4	185～240		5.6
FD - 5	300～500		7.2
FD - 6	500～630		8.6
FD - 35		35	1.8
FD - 50		50	2.4

续表

型号	导线截面积（mm²）	地线截面积（mm²）	质量（kg）
FD-70		70	4.2
FD-100		100	5.9

型号	适用导线外径（mm）	质量（kg）
FR-1	7～12	2.8
FR-2	11～22	2.8
FR-3	18～28	5.0
FR-3A	23～24	5.0
FR-4	23～26	7.6
FF-5（500kV 线路用）	23～28.0	7.4

表 5-6　　　　　　　　　　　防 振 锤 安 装 表

杆号	1		2		3		4
档距（m）		200		360		273	
防振锤个数	3	3	6	6	3	3	
安装距离（m）				0.89			

 习 题 与 思 考 题

5-1　影响线路防振的因素有哪些？

5-2　防振锤安装在什么地方消振效果比较好？

5-3　在什么情况下采用防振锤防振？在什么情况下采用阻尼线防振？在什么情况下采用防振锤、阻尼线联合防振？

学习情境 6

杆 塔 荷 载 计 算

【情境描述】

在输配电线路设计中，对导线进行力学计算的目的主要有两个，一是确定导线应力大小，以保证导线受力不超过允许值；二是确定杆塔受到导线及避雷线的作用力，以验算其强度是否能满足要求。杆塔的荷载主要包括导线、避雷线、金具、绝缘子、自重荷载，以及风荷载、覆冰荷载和不平衡张力等。这些荷载从方向上可分为垂直荷载、横向水平荷载和纵向水平荷载三种。

【教学目标】

知识目标：

(1) 了解杆塔荷载的类型；

(2) 掌握输配电线路的水平档距和水平荷载计算；

(3) 熟练掌握杆塔的上拔校验内容；

(4) 了解导线在杆塔上排列方式及线间距离的确定方法，掌握进行电杆头部外形尺寸校验及杆塔荷载计算的内容和步骤。

能力目标：

(1) 能熟练分析计算输配电线路的水平荷载和垂直荷载，并根据实际工程的需要，对杆塔进行上拔校验；

(2) 能进行电杆头部外形尺寸校验及杆塔荷载计算。

态度目标：

(1) 能主动学习，在完成任务过程中发现问题，分析问题和解决问题；

(2) 勤于思考，善于分析与总结问题；

(3) 具有团队意识和团队协作的能力，能够协同团队成员共同完成学习任务；

(4) 具有不怕苦、不怕累的职业精神，能够通过团结合作树立良好的职业品质。

【教学环境】

多媒体教室、一体化教室、架空输配电线路实训基地等。

学习任务 6.1 水平荷载和垂直荷载的计算

【任务描述】

(1) 某一条 110kV 线路，导线为 LGJ - 150/25 型，导线截面积 S 为 173.11mm^2，线路

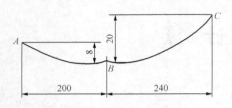

图 6 - 1 某 110kV 线路档距图

中某杆塔前后两档布置如图 6 - 1 所示，导线在自重和大风气象条件时导线的比载分别为 $g_1 = 34.047 \times 10^{-3}$ N/（m·mm^2）；$g_4 = 44.954 \times 10^{-3}$ N/（m·mm^2）；$g_6 = 56.392 \times 10^{-3}$ N/（m·mm^2）。试求：

1) 若导线在大风气象条件时应力 $\sigma_0 = 120$MPa，B 杆塔的水平档距和垂直档距各为多大？作用于悬点 B 的水平力和垂直力各为多大？

2) 当导线应力为多大时，B 杆塔垂直档距为正值？

(2) 制作耐张绝缘子串的倒挂校验曲线。

【任务准备】

(1) 确定杆塔承受导线及避雷线传递荷载大小的方法；

(2) 理解杆塔的垂直荷载的定义；

(3) 了解耐张绝缘子串倒挂的临界条件。

【任务实施】

(1) 计算水平档距和计算垂直档距；

(2) 计算悬点两侧垂直档距分量；

(3) 计算水平荷载和垂直荷载；

(4) 确定出现上拔力时的垂直档距。

【相关知识】

一、水平档距和水平荷载

确定每基杆塔承受的导线及避雷线传递荷载的大小，需要掌握杆塔的水平档距和垂直档距的概念。

悬挂于杆塔上的一档导线，由于风压作用而引起的水平荷载将由两侧杆塔承担。风压水平荷载是沿线长均布的荷载，在平抛物线近似计算中，假定一档导线长等于档距，若设每米导线上的风压荷载为 p，则 AB 档导线上风压荷载 $P_1 = pl_1$，如图 6 - 2 所示，由 AB 两杆塔平均承担；AC 档导线上的风压荷载为 $P_2 = pl_2$，由 AC 两杆塔平均承担。

如图 6 - 2 所示，此时对 A 杆塔来说，所要承担的总风压荷载为

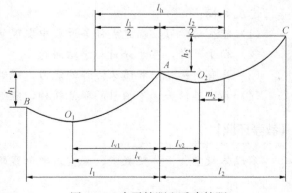

图 6 - 2 水平档距和垂直档距

$$P = \frac{P_1}{2} + \frac{P_2}{2} = p\left(\frac{l_1}{2} + \frac{l_2}{2}\right) \tag{6-1}$$

令

$$l_h = \frac{l_1}{2} + \frac{l_2}{2} \tag{6-2}$$

则

$$P = pl_h \tag{6-3}$$

式中　p——每米导线上的风压荷载，N/m；

　　　l_h——杆塔的水平档距，m；

　l_1、l_2——计算杆塔前后两侧档距，m；

　　　P——导线传递给杆塔的风压荷载，N。

因此，某杆塔的水平档距就是该杆两侧档距之和的算术平均值。它表示有多长导线的水平荷载作用在某杆塔上。水平档距是用来计算导线传递给杆塔的水平荷载的。

严格说来，悬挂点不等高时杆塔的水平档距计算式为

$$l_h = \frac{1}{2}\left(\frac{l_1}{\cos\varphi_1} + \frac{l_2}{\cos\varphi_2}\right) \approx \frac{1}{2}(l_1 + l_2) \tag{6-4}$$

悬挂点接近等高时，一般用式 $l_h = \frac{1}{2}$ （$l_1 + l_2$）其中单位长度导线上的风压荷载 p，根据比载的定义可按下述方法确定，当计算气象条件为有风无冰时，比载取 g_4，则 $p = g_4 S$；当计算气象条件为有风有冰时，比载取 g_5，则 $p = g_5 S$，因此导线传递给杆塔的水平荷载为：

无冰时

$$P = g_4 S l_h \tag{6-5}$$

有冰时

$$P = g_5 S l_h \tag{6-6}$$

式中　S——导线截面积，mm²。

二、垂直档距和垂直荷载

如图 6-2 所示，O_1、O_2 分别为 AB 档和 AC 档内导线的最低点，档内导线的垂直荷载（自重、冰重荷载）由 B、A 两杆塔承担，且以 O_1 点划分，即 BO_1 段导线上的垂直荷载由 B 杆承担，O_1A 段导线上的垂直荷载由 A 杆承担。同理，AO_2 段导线上的垂直荷载由 A 杆承担，O_2C 段导线上的垂直荷载由 C 杆承担。

$$G = gSL_{O_1A} + gSL_{O_2A} \tag{6-7}$$

在平抛物线近似计算中，设线长等于档距，即 $L_{O_1A} = l_{v1}$，$L_{O_2A} = l_{v2}$，

则

$$G = gS(l_{v1} + l_{v2}) = gSl_v \tag{6-8}$$

式中　G——导线传递给杆塔的垂直荷载，N；

　　　g——导线的垂直比载，N/(m·mm²)；

　l_{v1}、l_{v2}——计算杆塔的一侧垂直档距分量，m；

　　　l_v——计算杆塔的垂直档距，m；

S——导线截面积，mm^2。

由图 6-2 可以看出，计算垂直档距就是计算杆塔两侧档导线最低点 O_1、O_2 之间的水平距离，由式（6-8）可知，导线传递给杆塔的垂直荷载与垂直档距成正比。

$$l_{v1} = \frac{l_1}{2} + m_1 \qquad (6-9)$$

$$l_{v2} = \frac{l_2}{2} - m_2 \qquad (6-10)$$

式中　m_1、m_2——档和档中导线最低点对档距中点的偏移值。

由于

$$m_1 = \frac{\sigma_0 h_1}{g l_1}; \quad m_2 = \frac{\sigma_0 h_2}{g l_2} \qquad (6-11)$$

结合图 6-2 中所示最低点偏移方向，A 杆塔的垂直档距为

$$l_v = l_{v1} + l_{v2} = \frac{l_1}{2} + \frac{\sigma_0 h_1}{g l_1} + \frac{l_2}{2} - \frac{\sigma_0 h_2}{g l_2}$$

$$= l_h + \frac{\sigma_0}{g}\left(\frac{h_1}{l_1} - \frac{h_2}{l_2}\right) \qquad (6-12)$$

综合考虑各种高差情况，可得的一般计算为

$$l_v = l_h + \frac{\sigma_0}{g}\left(\pm\frac{h_1}{l_1} \pm \frac{h_2}{l_2}\right) \qquad (6-13)$$

式中　g——计算气象条件时导线的比载，$N/(m \cdot mm^2)$；

　　　σ_0——计算气象条件时导线的应力，MPa；

h_1、h_2——计算杆塔导线悬点与前后两侧导线悬点间高差，m。

垂直档距 l_v 表示了一定长度的导线的垂直荷载作用在某杆塔上。垂直档距式括号中正负的选取原则为以计算杆塔导线悬点高为基准，分别观测前后两侧导线悬点，如对方悬点较低取正，对方悬点较高取负。

式（6-13）中导线垂直比载 g 应按计算条件选取，如计算气象条件无冰，比载取 g_1，如有冰，比载取 g_3，而式（6-12）中导线比载 g 为计算气象条件时综合比载。

垂直档距是随气象条件变化的，所以对同一悬点，所受垂直力大小是变化的，甚至可能在某一气象条件受下压力作用，而当气象条件变化后，在另一气象条件则可能受上拔力作用。

三、杆塔的上拔校验

在实际工程中，有的杆塔的垂直档距或某侧垂直档距分量可能出现负值。对于直线杆塔，如垂直档距为负值，悬点受上拔力作用，使横担承受向上的弯曲力矩，从而影响横担的机械强度和稳定；同时，由于导线上拔，使悬垂绝缘子串的风偏角增大，造成导线对杆塔的空气间隙不足，危及安全运行。对耐张杆塔，如某侧垂直档距分量为负值，且其上拔力足以使耐张绝缘子串上翘时，将引起绝缘子瓷裙积水、积雪和积污，从而降低绝缘子强度。因此，必须对杆塔进行上拔校验，以便采取相应措施。

1. 直线杆塔导线上拔校验

直线杆塔在任何气象条件下都不允许有上拔力作用于悬点。因此，必须检查在最不利气象条件时，杆塔的垂直档距是否小于零。

导线上拔总是发生在悬点较低的杆塔，对悬点较低的杆塔，垂直档距随 σ_0/g 的值增加而减小。分析各种组合气象条件的 σ_0/g 值的情况可知，最低气温时应力较大，比载较小，则 σ_0/g 的值较大。因此，直线杆塔上拔的校验气象条件为最低气温。

综上所述可知，直线杆塔的上拔校验，就是要计算最低气温时被校验杆塔的垂直档距 l_v，如 $l_v \leqslant 0$，则该杆塔悬点受上拔力作用。此时可调整杆位、杆高以使 $l_v > 0$；也可悬挂重锤，以使悬点受下压力作用，重锤重力必须大于或等于上拔力。如果需安装的重锤过重，杆塔结构不允许时，则需同时调整杆位或杆高，或将直线杆塔改为轻型耐张杆塔。

在工程中，现场定位时逐基杆塔进行计算校验是不现实的，为此，设计部门总是提供了如图 6-3 所示的导线上拔校验曲线，以便现场校验。

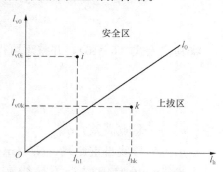

图 6-3 直线杆塔上拔校验曲线

该曲线是根据低温时 $l_v = 0$ 的校验临界条件，通过两种气象条件下的垂直档距换算式 (6-14)，换算为定位气象条件下的校验条件式式 (6-15) 后，按式 (6-15) 绘制而成的。

所以，校验时只需从平断面图上查取被校验杆塔定位气象条件时的水平档距 l_h 和垂直档距 l_{v0}，然后在校验曲线图上进行校验，如图 6-3 所示。

$$l_{v0} = \sigma_0 g/g_0 \sigma(l_v - l_h) + l_h \tag{6-14}$$

$$l_{v0} = (1 - \sigma_0 g/g_0 \sigma) l_h \tag{6-15}$$

式中　　　l_h——水平档距，m；

　　　g、σ、l_v——已知气象条件的比载、应力和垂直档距，在此已知气象条件为最低气温；

　　g_0、σ_0、l_{v0}——待求气象条件的比载、应力和垂直档距，在此待求气象条件为定位（最大弧垂）气象条件。

2. 耐张杆塔的上拔校验

如图 6-4 (a) 所示，耐张杆塔上悬挂耐张绝缘子串，杆塔两侧分属两个不同耐张段，耐张杆 A 的垂直档距 $l_v = l_{v1} + l_{v2}$，其中 l_{v1}、l_{v2} 分别为 A 杆两侧档导线的垂直档距分量。

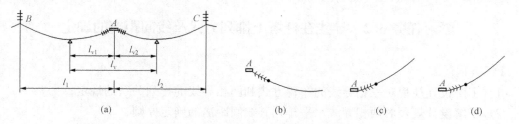

图 6-4 耐张绝缘子串的倒挂
(a) 耐张绝缘子串；(b) 耐张绝缘子串下垂；(c)、(d) 耐张绝缘子串上翘

耐张绝缘子串的正常悬挂形式如图 6-4 (b) 所示，绝缘子串下垂，瓷裙向着导线。

但当耐张杆塔某侧档的垂直档距分量为负值，耐张绝缘子串受上拔力作用，如上拔力足够大，则耐张绝缘子串将处于上翘的状态，如图 6-4 (c) 所示。此时如仍然瓷裙向着导线，则将引起瓷裙积水、雪、污垢等，使绝缘强度降低。因此，当耐张绝缘子串在常年运行情况下（即年平均气温、无风、无冰）出现上翘现象时，就将该串耐张绝缘子串倒挂，即瓷裙向着杆塔，如图 6-4（d）所示。所以，耐张杆塔的上拔校验通常称作耐张绝缘子串倒挂校验。

判别耐张绝缘子串倒挂的临界条件，取年平均运行应力气象条件下（即年平均气温气象条件），杆塔一侧导线的垂直荷载（上拔力）等于耐张绝缘子串的重力 G，即

$$l_{v1} g_1 A = -G_j \quad 或 \quad l_{v1} = -\frac{G_j}{g_1 A} \tag{6-16}$$

因耐张杆塔一侧导线的垂直档距分量为

$$l_{v1} = \frac{l_1}{2} - \frac{\sigma_0 h_1}{g l_1} \tag{6-17}$$

将其代入式（6-16），并整理可得

$$h_1 = \frac{g_1}{2\sigma_0} l_1^2 + \frac{G_j}{\sigma_0 A} l_1 \tag{6-18}$$

$$h_1 = (g_1/2\sigma_0) l_1^2 + (G_j/\sigma_0 A) l_1 \tag{6-19}$$

式中　h_1——悬点高差，m；

　　　g_1——导线自重比载，N/（m·mm^2）；

　　　σ_0——校验侧耐张段导线在年平均气温时应力，MPa；

　　　l_1——档距，m；

　　　G_j——耐张绝缘子串重，N；

　　　A——导线截面积，mm^2。

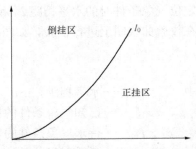

图 6-5　耐张绝缘子串倒挂校验曲线

该式的意义就是如耐张杆塔一侧档距为 l_1，且相邻导线悬点比耐张杆塔导线悬点高，则耐张绝缘子串不倒挂的最大高差为 h_1，据此可制作校验曲线如图 6-5 所示。在现场定位时，如相邻杆塔导线悬点比校验耐张杆塔导线悬点高，即可根据档距 l_1 和高差 h_1 及校验侧耐张段代表档距 l_0，在校验曲线上校验是否需倒挂。

学习任务 6.2　导线在杆塔上排列方式及线间距离的确定

【任务描述】

（1）了解设计规程对三相导线的布置方式和两相导线的排列关系的规定；

（2）了解设计规程对两相导线水平排列其线间距离的确定原则；

（3）了解设计规程对两相导线垂直排列其线间距离的确定原则；

（4）了解设计规程两相导线倾斜排列其等效水平线间距离的计算原则。

【任务准备】

导线在杆塔上排列方式及线间距离的确定问题，归根结底是电气距离问题，在杆塔上导线之间的距离，不仅要考虑导线的静态，还要考虑风、覆冰、温度这几个外界因素对线路所造成的影响。而风、覆冰和温度正是进行线路设计时所必须考虑的气象三要素。风会对水平线间距离产生影响，而覆冰主要是对上下排列的导线间距离产生影响。

【任务实施】

（1）分组完成任务描述中的各项任务；

（2）各组成员分项完成任务；

（3）各组成员对各项任务进行整理和归纳；

（4）不同小组进行完成任务情况的对比和总结。

【相关知识】

一、确定杆塔外形尺寸的因素

杆塔外形尺寸主要包括杆塔呼称高、横担长度、上下横担的垂直距离、避雷线支架高度、双避雷线挂点之间水平距离等。杆塔用来支持导线和避雷线，其外形尺寸主要取决于导线、避雷线电气安全距离。如导线对地、对交叉跨越物的空气间隙距离，导线间、导线与避雷线间的空气间隙距离，导线与杆塔部分的空气间隙距离，避雷线对边导线的防雷保护角，双避雷线对中导线的防雷保护角，考虑带电检修带电体与地电位人员之间的空气间隙距离等。具体包括如下：

（1）在内部过电压（操作过电压）和外部过电压（雷电过电压）气象条件下，档距中央导线部分对地或对交叉跨越物必须保证一定距离。

（2）在正常运行电压气象条件下，导线发生不同步摇摆时，使档距中央导线之间的空气间隙减小，导线之间必须保证一定的距离。

（3）导线覆冰不均匀以及覆冰脱落时的跳跃，使导线之间及导线与避雷线之间的垂直距离减小，导线间必须保证一定的垂直距离。

（4）在正常运行电压、操作过电压和雷电过电压气象条件下，带电体（导线）与接地体（杆塔身、脚钉、拉线等）之间必须保证一定的空气间隙距离。

（5）考虑带电检修时，带电体与地电位人员或接地体与等电位人员之间要保证 DL/T 966—2005《送电线路带电作业技术导则》规定的空气间隙。

（6）导线挂点与避雷线挂点的位置关系要满足避雷线对导线防雷保护的要求。

（7）在雷电过电压气象条件下，档距中央导线与避雷线之间的距离应满足 $s = 0.012L + 1$（s 为导线与避雷线在档距中央断面处的距离，L 为档距）的要求。

二、导线在杆塔上排列方式及线间距离的确定

1. 三相导线的布置方式和两相导线的排列关系

送导线路可能是单回路也可能是多回路，但仅就一个回路的三相导线来说，它们的布置方式有三类，如图 6 - 6 所示。

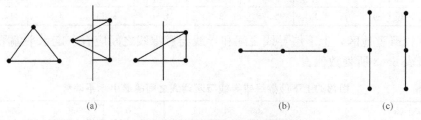

(a)   (b)   (c)

图 6 - 6 三相导线的布置方式

(a) 三角形布置；(b) 水平布置；(c) 垂直布置

三相导线中的任意两相导线的排列关系可归纳为三种，如图 6-7 所示。

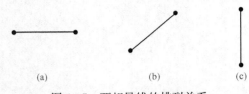

图 6-7 两相导线的排列关系
(a) 水平排列关系；(b) 倾斜排列关系；
(c) 垂直排列关系

2. 两相导线水平排列其线间距离的确定

在正常运行电压气象条件下，由于风荷载的作用，使整个档距导线发生摇摆，档距中央的导线摆动的幅度最大。当导线发生不同步摇摆时，档距中央导线部分接近，将导致线间空气间隙被击穿，发生线间闪络现象。为此，规程中指出导线的水平线间距离，可根据运行经验确定。1000m 以下的档距可按下式计算

$$D = K_i L_k + \frac{U}{110} + 0.65\sqrt{f_c} \tag{6-20}$$

式中 K_i——悬垂绝缘子串系数，见表 6-1；

D——导线水平线间距离，m；

L_k——悬垂绝缘子串长度，m；

U——输电线路标称电压，kV；

f_c——导线最大弧垂，m。

弧垂 f_c 与档距的函数关系为 $f_c = gl^2/8\sigma$，代入式（6-20）可得到线间距离与档距的函数关系，即档距越大，所需的线间距离就越大。

表 6-1 K_i 系 数 的 取 值

悬垂绝缘子串形式	Ⅰ-Ⅰ串	Ⅰ-Ⅴ串	Ⅴ-Ⅴ串
K_i	0.4	0.4	0

3. 两相导线垂直排列其线间距离的确定

两相导线垂直排列时，使线间距离接近的因素主要是导线覆冰不均匀或导线覆冰脱落产生跳跃或者导线舞动产生大幅度上下运动。在覆冰较少的地区，垂直线间距离取式（6-20）计算结果的 3/4，即

$$D_v = \frac{3}{4}D \tag{6-21}$$

使用悬垂绝缘子串杆塔时，其垂直线间距离不宜小于表 6-2 所列数值。

表 6-2 使用悬垂绝缘子串杆塔的最小垂直线间距离

电压等级（kV）	35	66	110	154	220	330	500	750
垂直线间距离（m）	2.00	2.25	3.50	4.50	5.50	7.50	10.00	12.5

在覆冰较严重地区，上下层导线之间和导线与避雷线之间应有一定水平偏移，水平偏移量不应小于表 6-3 所列数值。

表 6-3 相邻的上下层导线或导线与避雷线之间的最小水平偏移　　　　　　　单位：m

电压等级（kV）	35	66	110	220	330	500	750
设计冰厚 10mm	0.20	0.35	0.50	1.00	1.50	1.75	2.0
设计冰厚 15mm	0.35	0.50	0.70	1.50	2.00	2.50	3.0

设计冰厚 0mm 地区可不设水平偏移。设计冰厚 5mm 的地区，上下层导线之间和导线与避雷线之间的水平偏移，可以根据运行经验适当减小。

在重冰区，导线应采用水平布置。导线与避雷线之间的水平偏移量，应较表 6-3 中"设计冰厚 15mm"栏对应的数值大至少 0.5m。

4. 两相导线倾斜排列其等效水平线间距离的计算

两相导线倾斜排列（指三相导线等腰三角形布置情况）时，计算出的等效水平线间距离不应小于按式（6-20）计算出的结果。等效水平线间距离按下式计算

$$D_s = \sqrt{D_h^2 + \frac{3}{4}D_v^2} \qquad (6-22)$$

式中　D_h、D_v——导线间距离的水平投影和垂直投影。

5. 多回路杆塔的线间距离

对于多回路线路杆塔，不同回路导线间的闪络将影响两个以上回路的供电安全。因此规程规定，多回路杆塔上不同回路的导线之间的距离（水平距离和垂直距离），应较式（6-20）和式（6-21）计算的线距增大 0.5m，且不应小于表 6-4 所列数值。

表 6-4　　　　　　　　　不同回路导线线间的最小距离

电压等级（kV）	3~10	35	66	110	220	330	500	750
最小距离（m）	1.0	3.0	3.5	(4.0)	(6.0)	(8.0)	—	—

注　110kV 以上栏中的数值附加了圆括号，是参考值。

学习任务 6.3　电杆头部外形尺寸校验

【任务描述】

某 110kV 线路，导线型号为 LGJ-150/20 型，避雷线为 GJ-35 型，全国气象Ⅳ区，杆塔采用带拉线的等径水泥杆，如图 6-8 所示，杆径 ϕ300mm，水平档距 l_h=300m，垂直档距 l_v=250m，导线间水平距离 5m，垂直距离 3.5m，导线与避雷线间的垂直距离为 2.6m，保护角不大于 22°，导线悬垂绝缘子串长 1.45m，重力为 520N，避雷线金具长 0.182m，导线最大弧垂 f_m=6.9m。考虑带电检修，试校验电杆头部外形尺寸。

【任务准备】

在进行线路杆塔选用时，往往优先采用定型杆塔以节省时间和费用，对所选用的杆塔进行相应的校验，成为确定杆塔最终型式的有效方法。

对杆塔的校验应包括强度和安全距离。安全距离至少应包括线间距离、线杆（塔）距离等，

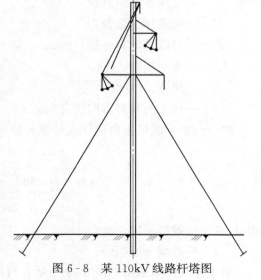

图 6-8　某 110kV 线路杆塔图

参见相关知识部分。

【任务实施】

（1）校验头部间隙（间隙圆校验）；

（2）校验档中的线间距离（包括导线的水平线间距离、垂直线间距离，导线和避雷线的距离，上下导线间和导线与避雷线间的水平偏移校验）；

（3）各组成员对任务进行整理和归纳；

（4）不同小组进行完成任务情况的对比和总结。

【相关知识】

1. 风偏角

在一定风速下所引起的悬垂绝缘子串风偏角情况如图 6-9 所示。

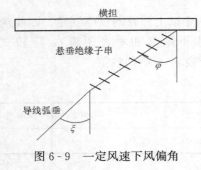

图 6-9 一定风速下风偏角

由图 6-9 可得到悬垂绝缘子串风偏角 φ 为

$$\varphi = \arctan \frac{\dfrac{P_j}{2A} + L_s g_4}{\dfrac{G_j}{2A} + L_c g_1} \qquad (6-23)$$

式中　L_s、L_c——分别为水平和垂直档距，m；

　　　g_1、g_4——导线自重和风荷比载，kg/（m·mm^2）；

　　　G_j、P_j——绝缘子串重量和其风荷载，kg；

　　　A——导线截面积，mm^2。

其中

$$g_4 = \frac{\alpha C v^2 D}{16A} \times 10^{-3} \qquad (6-24)$$

$$P_j = \alpha C D L_s \frac{v^2}{16} \sin^2 \theta \times 10^{-3} \qquad (6-25)$$

式中　α——风压不均匀系数；

　　　C——风载体型系数；

　　　D——导线的计算外径，mm；

　　　L_s——水平档距，m；

　　　v——风速，m/s；

　　　θ——风向与线路方向的夹角。

对于分裂导线风偏角应计入导线分裂间距的影响则按下式计算

$$\varphi = \arctan \frac{\dfrac{P_j}{2A} + L_s g_4}{\dfrac{G_j}{2A} + L_c g_1} + \arctan \frac{d}{2\lambda} \qquad (6-26)$$

式中　λ——绝缘子串长度；

　　　d——导线分裂间距。

对于导线的风偏角如图 6-9 所示，可得

$$\xi = \arctan \frac{g_4}{g_1} \tag{6-27}$$

式中　g_1、g_4——导线的自重和风荷比载，$kg/(m \cdot mm^2)$。

对以下几个系数的说明。

（1）风压不均匀系数。沿整个档距电线上所承受的风速，不可能在各点上同时都是一样大的，且风向也很少与电线各点的方向垂直，因此，在电线上的真正合成风压会低于按整个档距均匀所受到所取计算风速的情况算得的风压，为使算得的风压值与整个档距中的电线受风情况相吻合，应该考虑一个降低系数，这个系数即称为风速不均匀系数。

风压不均匀系数各国取值不同，有些国家定为 0.8，也有的定为 0.5，日本在大风时 300 米档距内的实测结果为 0.6，苏联实测结果约为 $12.8/v$，（v 代表风速），美国实测结果则约为 $20/v$。

根据我国电力行业标准 DL/T 620—1997《交流电气装置的过电压保护和绝缘配合》规定，悬垂绝缘子串风偏角计算用风压不均匀系数 α 按下式计算：

$$\alpha = 5.543(v\sin\theta)^{-0.737} \tag{6-28}$$

式中　v——设计采用的 10min 平均风速，m/s；

　　　θ——风向与线路方向的夹角（°）。

表 6-5 列出了 $\theta = 90°$ 时的几种风速下的风压不均匀系数。

表 6-5　　　　　　　　　　　　风压不均匀系数

设计风速（m/s）	≤10	15	20	≥20
风压不均匀系数 α	1	0.75	0.61	0.61

（2）风载体型系数 C 及风向因素 $\sin^2\theta$。物体所受到的风压与物体的体型和气流方位有关，这种影响通常以"风载体型系数"的大小来表示（也称空气动力系数），更通俗来讲即表示物体体型对风的阻力大小的系数，"流线"型和表面光滑的物体是减小风载体型系数的典型，即受同样风面和风速影响下，"流线"型所受的风压较小，对于电线，DL/T 5451—2012《架空输电线路工程初步设计内容深度规定》规定的风载体型系数是以水平风向与电线轴线成 90°时的值。其实应包括风向因素 $\sin\theta$，在计算垂直于电线轴向的风压分量时，也要乘以 $\sin\theta$。根据国内外的风洞实验证明，风压计算中用 $\sin^2\theta$ 比以往用 $\sin\theta$ 较接近实际值。

直径小于 17mm（LGJ-150 以下）的导线风载体型系数为 1.2；直径等于或大于 17mm（LGJ-150 及以上）的导线风载体型系数为 1.1；对于导线覆冰不论线径大小，风载体型系数均取 1.2。

2．正常运行电压、操作过电压和雷电过电压气象条件下空气间隙校验

在正常运行电压、操作过电压和雷电过电压三种气象条件下，相应的风荷使绝缘子串风偏一窄角度，使导线与杆塔部分（杆塔身、拉线、脚钉等）空气间隙距离减小。为确保导线（带电体）与杆塔部分（接地体）之间的空气间隙不被击穿，需对初步设计的塔头部尺寸进行校验。

按照初步确定的线间距离画出塔头。按式（6-23）计算三种气象条件的绝缘子串风偏

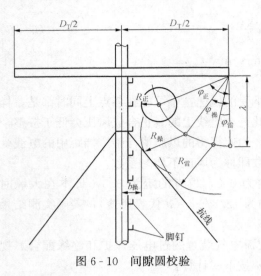

图 6-10　间隙圆校验

角：$\varphi_{正}$、$\varphi_{操}$、$\varphi_{雷}$（$\varphi_{正}>\varphi_{操}>\varphi_{雷}$），根据表 6-5 查取三种气象条件的空气间隙值 $R_{正}$、$R_{操}$ 和 $R_{雷}$（$R_{正}<R_{操}<R_{雷}$）；根据计算出的风偏角，标出绝缘子串的相应位置，根据绝缘子串长度，确定风偏后相应的导线挂点位置；分别以相应风偏下的导线挂点为圆心，以各自规定的最小空气间隙值为半径，画间隙圆，如图 6-10 所示。验证间隙圆是否与杆塔部分相切或相离，若不满足要求，需要调整或加大塔头横向尺寸。一般来说，操作过电压和雷电过电压情况下的间隙圆控制着塔头横向尺寸。

海拔 1000m 以下的地区，带电部分与杆塔构件的空气间隙，在相应的风偏下，不应小于表 6-6 所列数值。

3. 带电作业条件的空气间隙校验

确定塔头横向尺寸时，应适当考虑带电作业对安全距离的要求。海拔 1000m 以下地区，等电位作业人员至杆塔构件或地电位作业人员至带电导线的净空距离不应小于表 6-7 所列的数值。

表 6-6　　　　　　带电体与杆塔接地体的最小空气间隙　　　　　　（m）

电压等级（kV）	<3	3～10	35	66	110	220	330	500
雷电过电压	0.05	0.2	0.45	0.65	1.00	1.90	2.30	3.3/3.3
操作过电压	0.05	0.2	0.25	0,50	0.70	1.45	1.95	2.5/2.7
工频电压	0.05	0.2	0.1	0.2	0.25	0.55	0.90	1.2/1.3

注　1. 按雷电过电压和操作过电压情况校验间隙时的相应气象条件，参见典型气象区的取值；

　　2. 按运行电压情况校验间隙时采用最大风速及相应气温；

　　3. 500kV 空气间隙栏，左侧数据适用海拔高度不超过 500m 的地区，右侧数据适用超过 500m 但不超过 1000m 地区。

表 6-7　　　　　　　　　　带 电 作 业 安 全 距 离

电压等级（kV）	10	35	66	110	220	330	500	750
安全距离 R（m）	0.4	0.6	0.7	1.0	1.8	2.2	3.2	4.0/4.0* （边相 I 串/中相 V）

＊　750kV 单回路带电作业间隙值。

带电作业条件校验时，人体活动范围为 0.3～0.5m，气象条件风速 v 为 10m/s，气温 t 为 15℃，带电作业安全距离校验如图 6-11 所示。

对于三相导线水平布置时，也可由表 6-6 和表 6-7 给定的空气间隙值，先按照式（6-29）确定在杆塔断面上导线的水平线间距离，然后按式（6-23）校验档距中央导线线

间距离，即

$$D_T = 2(\lambda \sin\varphi_k + R_k + b_k) \tag{6-29}$$

式中　R_k——起到控制作用的气象条件的空气间隙；

　　　φ_k——起到控制作用的气象条件的风偏角；

　　　b_k——间隙圆与杆塔接地部分相切时，间隙圆的垂直切线与杆塔垂直中心线间的距离，带电作业气象条件时，b_k 取规定的人体活动范围半径；

　　　λ——绝缘子串长。

4. 杆塔的最大使用档距受到线间距离的限制

档距越大，导线受风荷作用时摆动的幅度越大，线间距离越不容易满足要求。当塔头尺寸确定后，最大使用档距也随之确定。

线间距离允许的最大弧垂可由式（6-20）导出

$$f_c = \left[\left(D_{min} - K_i L_k - \frac{U}{110} \right) \Big/ 0.65 \right]^{\frac{1}{2}} \tag{6-30}$$

式中　D_{min}——导线水平线间距离和斜向线间距离 D_s 中最小的。

根据 f_m 查导线机械特性曲线，查得到线间距离允许的最大使用档距 L_D。

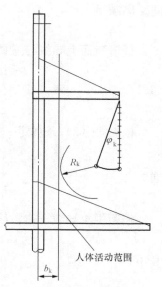

图 6-11　带电作业安全距离校验图

5. 避雷线支架高度及避雷线水平线间距离的确定

避雷线支架高度 h_b 指避雷线金具挂点到上横担导线绝缘子串挂点之间的高度。避雷线支架水平距离指双避雷线系统的两避雷线挂点之间的水平距离。防雷保护角是在杆塔断面度量的角度，如图 6-12 所示。

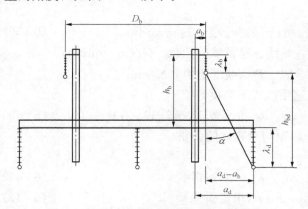

图 6-12　塔头导线与避雷线的相对位置图

避雷线支架高度和避雷线支架水平距离的确定，主要考虑在雷电过电压气象条件下，杆塔断面位置上避雷线对最危险的边导线防雷保护要求和双避雷线系统中导线的防雷保护，档距中央断面位置上导线与避雷线之间最小距离的要求。

（1）500kV 送电线路应沿全线架设双避雷线，其杆塔防雷保护角 α，宜采用 $10°\sim15°$；330kV 和双避雷线 220kV 送电线路杆塔的防雷保护角宜采用 $20°$；山区 110kV 送电线路杆塔防雷保护角宜采用 $25°$左右；对于 66kV 及以下的送电线路，其杆塔防雷保护角一般采用 $20°\sim30°$，山区单避雷线杆塔防雷保护角可采用 $25°$。

（2）双避雷线之间的水平距离，不应超过导线与避雷线垂直距离的 5 倍，即

$$D_b \leqslant 5h_{bd} \tag{6-31}$$

式中　D_b——避雷线水平线间距离；

h_{bd}——避雷线与导线间的垂直投影距离。

（3）在雷电过电压气象条件下（气温+15℃，无风），应保证档距中央导线与避雷线之间距离满足

$$S \geqslant 0.012L + 1 \tag{6-32}$$

杆塔断面上导线与避雷线间的垂直距离 $h_{bd} = h_b + \lambda_d - \lambda_b$，根据第（1）条规定，则

$$\tan\alpha = (\alpha_a - \alpha_b)/(h_b + \lambda_d - \lambda_b) \leqslant \tan\alpha_1$$

即

$$h_{b1} \geqslant (\alpha_a - \alpha_b)/\tan\alpha_1 - \lambda_d + \lambda_b \tag{6-33}$$

根据第（2）条规定，把 h_{bd} 代入式（6-21），则

$$5(h_b + \lambda_d - \lambda_b) \geqslant D_b$$

即

$$h_{b2} \geqslant D_b/5 - \lambda_d + \lambda_b \tag{6-34}$$

档距中央导线、避雷线线间的垂直距离

$$S = (h_b + \lambda_d + f_d) - (\lambda_b + f_b) = \Delta h + f_d - f_b \tag{6-35}$$

其中

$$\Delta h = h_b + \lambda_d - \lambda_b$$

根据第（3）条规定，把 S 代入式（6-35），则

$$\Delta h = f_d - f_b \geqslant 0.012L + 1 \tag{6-36}$$

把弧垂关系式代入上式，移到不等式右端，得

$$\Delta h \geqslant 0.012L + 1 - g_d L^2/8\sigma_d + g_b L^2/8\sigma_b \tag{6-37}$$

对上式求关于档距 L 的导数并令其为零，得

$$L = 0.048/[(g_d/\sigma_d) - (g_b/\sigma_b)] \tag{6-38}$$

代入式（6-37）中并整理，得

$$h_{b3} = [2.88 \times 10^{-4}/(g_d/\sigma_d - g_b/\sigma_b)] - \lambda_d + \lambda_b + 1 \tag{6-39}$$

式中 g_d、g_b——雷电过电压气象条件下，导线、避雷线的比载，$\text{N}/(\text{m} \cdot \text{mm}^2)$；

σ_d、σ_b——雷电过电压气象条件下导线、避雷线的应力，N/mm^2。

如按导线、避雷线线间的斜距 S' 确定避雷线支架高度，有

$$h_{b3} = [2.88 \times 10^{-4}/(g_d/\sigma_d) - (g_b/\sigma_b)]\cos^2\theta + \cos\theta - \lambda_d + \lambda_b + 1 \tag{6-40}$$

式中 θ——档距中央导线、避雷线之间的斜距与垂直线的夹角。

最后确定的避雷线支架高度为

$$h_b = A_{max}(h_{b1}, h_{b2}, h_{b3})（双避雷线） \tag{6-41}$$

$$h_b = A_{max}(h_{b1}, h_{b3})（单避雷线） \tag{6-42}$$

学习任务 6.4 杆塔荷载计算

⬎【任务描述】

110kV 单回直线杆的呼称高为 13.4m，导线为 LGJ-150/20 型，避雷线为 GJ-35 型，标准档距为 260m，水平档距为 300m，垂直档距为 350m，气象条件见表 6-8。试计算该直

线杆的荷载，并画出荷载图。

表 6-8　　　　　　　　　　　　　　气 象 条 件

气象参数 计算条件	温度 （℃）	风速 （m/s）	冰厚 （mm）
正常大风	−5	25	0
正常覆冰	−5	10	5
安装	−10	10	0

⚙【任务准备】

杆塔设计主要解决安全距离和受力问题，荷载计算和荷载图是杆塔设计的重要依据。准确的荷载计算是设计安全的重要保证，进而为整条线路安全运行的基础。

〽【任务实施】

（1）确定杆塔荷载的计算组合条件；

（2）按照荷载的计算组合条件分别对垂直、水平及纵向荷载计算并画出荷载图；

（3）各组成员对各项任务进行整理和归纳；

（4）不同小组进行完成任务情况的对比和总结。

▤【相关知识】

一、杆塔荷载的分类

（一）按作用时间的长短分

1. 长期荷载

长期荷载包括杆塔导线、避雷线、绝缘子、金具及其他设备的自重荷载。

2. 短期荷载

短期荷载包括风荷载、导线、避雷线和绝缘子上的覆冰荷载，导线避雷线张力、事故荷载、安装荷载等。

此外，还包括地震引起的地震荷载，以及在山区或特殊地形地段，由于不均匀结冰所引起的不平衡张力等荷载。

杆塔承受荷载如图 6-13 所示。

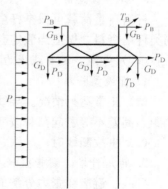

图 6-13　杆塔承受的荷载

（二）按作用在杆塔上方向分

根据计算需要，将它们分解成作用在杆塔上的垂直荷载、横向水平荷载、纵向水平荷载（如图 6-13 所示）。

1. 垂直荷载

垂直荷载 G 包括：

（1）导线、避雷线、绝缘子串和金具的重量；

（2）杆塔自重荷载；

（3）安装、检修时的垂直荷载（包括作业人员、工具及附件等重量）。

2. 横向水平荷载

横向水平荷载 P 包括（与横担方向一致）：

（1）导线、避雷线、绝缘子串和金具的风压；

（2）杆塔身风载；

（3）转角杆塔上导线及避雷线的角度力。

3. 纵向水平荷载

纵向水平荷载 T（垂直横担方向的张力）包括：

（1）导线、避雷的不平衡张力（对直线型杆塔和耐张型杆塔不平衡张力为顺线路方向，对转角杆塔的不平衡张力则与杆塔横担垂直）；

（2）导线、避雷线的断线张力和断线导线时避雷线对杆塔产生的支持力；

（3）安装导线时的紧线张力。

二、杆塔荷载计算方法

（一）自重荷载

1. 导线、避雷线的自重荷载

无冰时
$$G = g_1 A L_{ch} \tag{6-43}$$
覆冰时
$$G = g_3 A L_{ch} \tag{6-44}$$

式中　L_{ch}——杆塔的垂直档距，m；

　g_1、g_3——分别为导线、避雷线无冰、覆冰的垂直比载，$N/(m \cdot mm^2)$；

　　A——导线、避雷线截面面积，mm^2。

2. 绝缘子串、金具的垂直荷载

无冰时，为绝缘子串、金具自重，可查单片绝缘子及各组合绝缘子串的金具重量表。

覆冰时，绝缘子串、金具的垂直荷载为

$$G'_J = K \cdot G_J \tag{6-45}$$

式中　G_J、G'_J——分别为无冰、覆冰时绝缘子串、金具的重量。

　　　　K——覆冰系数：设计冰厚 5mm 时，$K = 1.075$；设计冰厚 10mm 时，$K = 1.15$；设计冰厚 15mm 时，$K = 1.225$。

3. 杆塔自重荷载

杆塔自重荷载可根据杆塔的每根构件逐一统计计算得出，也可根据设计经验，参照其他同类杆塔资料，做适当假定获得。

（二）导线、避雷线张力引起的荷载计算

1. 直线型杆塔

（1）正常运行情况。导线、避雷线不出现不平衡张力，但当气象条件发生变化时，或因档距、高差不等引起荷载改变，而产生纵向不平衡张力。

（2）事故断线时。导线、避雷线在纵向产生断线张力。

2. 转角杆塔、耐张型杆塔

导线、避雷线张力分解成横向荷载（称角度荷载）和纵向荷载（称不平衡张力）。

（1）角度荷载即为产生的横向荷载，如图 6-14 所示。

$$P_J = T_1 \sin\alpha_1 + T_2 \sin\alpha_2 \tag{6-46}$$

式中　T_1、T_2——杆塔前后导线张力，N；

　　α_1、α_2——导线与杆塔横担垂线间的夹角，（°）。

当 $\alpha_1 = \alpha_2 = \alpha/2$ 时（α 为线路转角）

$$P_J = (T_1 + T_2)\sin\alpha \qquad\qquad (6-47)$$

当 $\alpha = 0$ 时，$P_J = 0$ 为直线型杆塔。

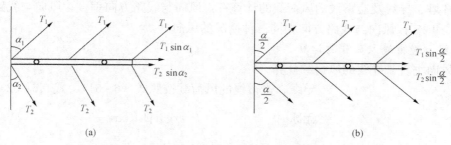

图 6-14　产生横向荷载的受力分析

（a）夹角不相同情况；（b）夹角相同情况

（2）不平衡张力即为产生的纵向荷载，如图 6-15 所示。

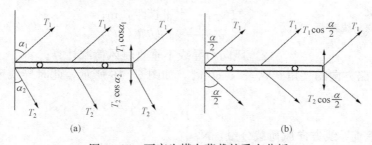

图 6-15　不产生横向荷载的受力分析

（a）夹角不相同情况；（b）夹角相同情况

$$\Delta T = T_1\cos\alpha_1 - T_2\cos\alpha_2 \qquad\qquad (6-48)$$

当 $\alpha_1 = \alpha_2 = \alpha/2$ 时

$$\Delta T = (T_1 - T_2)\cos\alpha \qquad\qquad (6-49)$$

当 $T_1 = T_2$ 时，$\Delta T = 0$；当 $\alpha = 0$ 时，为直线型杆塔，$\Delta T = T_1 - T_2$。

（3）断线张力荷载。

1）直线杆塔。直线杆塔的导线、避雷线的断线张力分别取各自最大使用张力乘以一个百分数：

$$T_D = T_{Dmax} \times X\% \qquad\qquad (6-50)$$

式中　T_D——断线张力，N；

　T_{Dmax}——导线、避雷线最大使用张力，$T_{Dmax} = \dfrac{T}{K}$，N；

　　T——导线、避雷线综合拉断力，N；

　　K——安全系数，一般取 $K = 2.5$；

　$X\%$——最大使用张力百分数。

2）耐张杆塔、转角杆塔及终端杆塔。导线张力一般取最大使用张力的 70%；避雷线张力一般取最大使用张力的 80%。

特殊情况下，需要进行精确计算断线张力时，应按照线路力学介绍的计算公式及图解法进行精确计算。

三、风荷载的计算

各类杆塔、导线及避雷线的风荷载的计算有：风向与线路方向垂直；风向与线路方向的夹角成 60°和 45°；风向与线路方向相同三种情况的风向。

1. 导线、避雷线风荷载的计算

(1) 风向垂直于导线的风荷载计算。

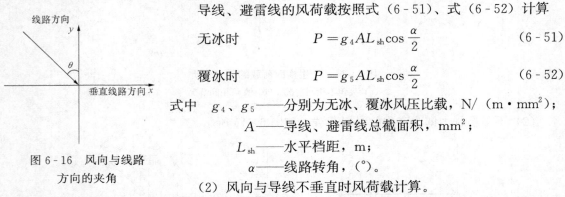

图 6-16　风向与线路
　　　方向的夹角

导线、避雷线的风荷载按照式（6-51）、式（6-52）计算

无冰时
$$P = g_4 A L_{sh} \cos \frac{\alpha}{2} \tag{6-51}$$

覆冰时
$$P = g_5 A L_{sh} \cos \frac{\alpha}{2} \tag{6-52}$$

式中　g_4、g_5——分别为无冰、覆冰风压比载，N/（m·mm²）；

A——导线、避雷线总截面积，mm²；

L_{sh}——水平档距，m；

α——线路转角，(°)。

(2) 风向与导线不垂直时风荷载计算。

当风向与线路方向的夹角 θ 成 45°、60°时，如图 6-16 所示，此时导线风荷载应按下式计算

$$P_X = P \sin^2 \theta \tag{6-53}$$

式中　P_X——垂直导线方向风荷载分量，N；

P——垂直导线方向风荷载，按照式（6-50）、式（6-51）计算；

θ——实际风荷载的风向与导线的夹角。

2. 杆塔塔身风荷载的计算

风向作用在与风向垂直的结构物表面的风荷载按照式计算

$$P_g = \frac{K K_z \beta A_c V^2}{1.6} \tag{6-54}$$

对电杆杆身

$$A_c = \frac{h(D_1 + D_2)}{2}$$

对铁杆杆身

$$A_c = \frac{\varphi h(b_1 + b_2)}{2}$$

式中　K_z——风压高度变化系数，用以修正风速不同高度的衰减程度。

β——风压调整系数，用以修正地形变化而引起的风速变化。

A_c——杆塔塔身构件侧面（或正面）的投影面积，m²。

h——计算段的高度，m。

D_1、D_2——电杆计算风压段的顶径和根径，m，锥度为 1/75 的锥形电杆 D_2 为 $D_2 = D_1 + \frac{h}{75}$。

b_1、b_2——铁塔塔身计算段内侧面桁架（或正面桁架）的上宽度和下宽度；

φ——铁塔构架的填充系数，一般窄基塔身和塔头取 $0.2\sim0.3$，宽基塔塔身取 $0.15\sim0.2$，考虑节点板挡风面积的影响，应再乘以风压增大系数，窄基塔取 1.2，宽基塔取 1.1；

K——风压体形系数（修正挡风面形状不同引起的阻力变化），环形截面电杆 K 为 0.6，矩形截面电杆 K 为 1.4，角钢铁塔 K 为 $1.4(1+\eta)$，圆钢铁塔 K 为 $1.2(1+\eta)$，η 为空间桁架背风面风载降低系数。

60m 以上的杆塔，应考虑阵风的振动作用，杆塔塔身风荷载应乘以风振系数。铁塔的风振系数取 1.5，拉线杆塔取 1.25。

3. 绝缘子串风荷载的计算

$$P_{\mathrm{j}}=\frac{n_1 n_2 A_Z K_Z V^2}{1.6} \tag{6-55}$$

式中　n_1——一相导线所用的绝缘子串数；

n_2——每串绝缘子的片数；

A_Z——每片的受风面积，单裙取 $0.03\mathrm{m}^2$，双裙取 $0.04\mathrm{m}^2$；

K_Z——风压随高度变化系数。

四、杆塔安装荷载

1. 直线杆塔安装荷载计算

包括吊线作业和锚线引起的荷载，对钢筋混凝土电杆还要校核整体吊装时的强度和开裂问题。

（1）吊线荷载。架设导线或避雷线时，需要将其从地面提升到杆塔上，此工作过程所引起的荷载叫吊线荷载。在施工中常采用双倍吊线或转向滑车吊线两种方式，如图 6-17 所示。

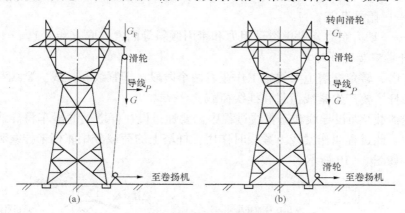

图 6-17　杆塔承受的吊线荷载

(a) 双倍吊线方式；(b) 转向滑车吊线方式

采用双倍吊线时

$$\sum G =2KG+G_{\mathrm{F}} \tag{6-56}$$

式中　K——动力系数，考虑滑动阻力和牵引倾斜等因素，取 $K=1.1$；

G——被吊导线、绝缘子及金具的重力，N；

G_{F}——考虑相应部位横担上施工人员和工具所引起的附加荷载，N。

吊线时，还要考虑相应风荷载引起对导线横向水平荷载。

采用转向滑车吊线时，垂直荷载

$$\sum G = KG + G_{\mathrm{F}} \tag{6-57}$$

水平荷载

$$\sum G = 2KG + P \tag{6-58}$$

式中　P——导线或避雷风荷载 N。

其他符号与上式相同。

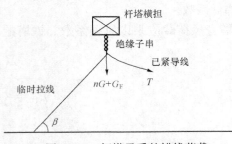

图 6-18　杆塔承受的锚线荷载

(2) 锚线荷载。在高压输电线路中经常采用张力放线。由于施工场地的要求，放线、紧线不一定在耐张杆塔或者转角杆塔上进行，这时会出现在直线杆塔上紧线、锚线等作业，即在直线杆塔的相邻两档中，一档的导线通过金具绝缘子串锚固在杆塔上，相邻档导线用临时拉线锚在地上，如图 6-18 所示。

作用在横担上的垂直荷载、横向水平荷载及纵向不平衡张力分别为

$$\sum G = nG + G_{\mathrm{F}} + KT\sin\beta \tag{6-59}$$

$$\sum P = nP \tag{6-60}$$

$$\Delta T = KT(1 - \cos\beta) \tag{6-61}$$

式中　G、P——分别为所锚导线或避雷线的垂直荷载和横向荷载，N；

　　　　T——安装时导线或避雷线的张力，N；

　　　　β——锚线钢丝绳与地面的夹角，(°)；

　　　　n——垂直荷载或横向荷载的分配系数，当相邻档距和高差相等时，一般取 $n = 0.5$；

　　　　G_{F}——附加荷载，N；

　　　　K——动力系数，考虑滑动阻力和牵引倾斜等因素，取 $K = 1.1$。

2. 耐张杆塔安装荷载计算

在耐张杆塔、转角杆塔上架线施工作业有两个阶段，即紧线和挂线。紧线和挂线时对耐张杆塔、转角杆塔要产生紧线荷载和挂线荷载。

(1) 紧线荷载。架设导线和避雷线过程中，要通过设在杆塔上的滑车将导线、避雷线拉紧到设计张力，此过程叫作紧线。紧线时作用在杆塔上的荷载分相邻档未挂线和相邻档已挂线两种情况，如图 6-19 所示。

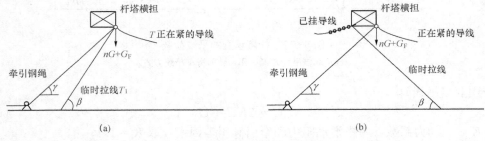

图 6-19　杆塔承受的吊线荷载

(a) 相邻档尚未挂线；(b) 相邻档已挂线

1）相邻档尚未挂线时作用在横担上的荷载

垂直荷载　　　　　　　　　$\sum G = nG + T_1\sin\beta + KT\sin\gamma + G_F$　　　　　（6 - 62）

横向水平荷载　　　　　　　　$\sum P = nP$　　　　　　　　　　　（6 - 63）

纵向不平衡张力　　　　　　　$\Delta T = 0$　　　　　　　　　　　（6 - 64）

2）相邻档已挂线作用在横担上的荷载

垂直荷载　　　　　　　　　$\sum G = nG + KT\sin\gamma + G_F$　　　　　　　（6 - 65）

纵向不平衡张力　　　　　　　$\Delta T = 0$　　　　　　　　　　　（6 - 66）

式中　n——导线垂直荷载或横向水平荷载分配系数；

　G、P——该根（或相）导线或避雷线的垂直荷载和横向水平荷载；

　　　K——动力系数，取 $K = 1.2$；

　　　γ——牵引钢丝绳与地面的夹角，（°）；

　　　T_1——临时拉线的初张力，一般 $T_1 = 5000\sim10000$ N；

　　　T——导线或避雷线安装张力；

　G_F——附加荷载，N。

（2）挂线荷载。挂线指按设计要求的弧垂，把导线与绝缘子串连接好后挂到杆塔上去的作业过程。导线挂到杆塔上后松开牵引绳，使杆塔受到的一个张力荷载。在实际工作中，一般是逐根（即逐相）进行。由于荷载较大，杆塔设计中可考虑设置临时拉线平衡部分荷载。此时作用杆塔上的荷载有

垂直荷载　　　　　　　　　$\sum G = nG + T_0\tan\beta + G_F$　　　　　　　（6 - 67）

横向水平荷载　　　　　　　$\sum G = nP + (KT - T_0)\sin\alpha_1$　　　　　（6 - 68）

五、杆塔荷载确定及荷载图

1. 荷载组合的基本原则

作用在杆塔上的荷载种类较多，这些荷载不同时出现。因此，各类杆塔在设计计算时，必须考虑各种不同荷载的组合，并乘以相应的荷载组合系数。

2. 荷载组合系数

按正常、断线、安装、特殊四种不同情况组合成四种不同的荷载作用在杆塔上，因为各种荷载作用状态不同，所以各自要求有不同的可靠度。如运行情况的荷载经常作用在杆塔上，要求有较高的可靠度；断线和安装等情况的荷载，出现的概率较小，对可靠度的要求相应较低；杆塔受断线情况荷载作用，由于杆塔种类的不同，对可靠度的要求也有所不同，耐张杆塔要求应能限制事故的范围，可靠度应高些，直线杆塔断线时允许绝缘子串偏移，杆稍发生挠度，可靠度可以低些。对杆塔进行强度计算时，为使杆塔结构在相应四种情况荷载作用下有统一的可靠度，规定了各种情况下的荷载组合系数 ψ。

六、结构重要性系数

按极限状态设计时，必须考虑结构安全等级而设立的结构重要性系数。《建筑结构统一标准》根据结构破坏后果的严重性，其安全等级划分为一级、二级、三级，并规定如下：

安全等级为一级时，$\gamma_0 = 1.1$；

安全等级为二级时，$\gamma_0 = 1.0$；

安全等级为三级时，$\gamma_0 = 0.9$。

在杆塔设计中，安全等级应按输配电线路的电压等级及杆塔在线路中的重要性划分为一

级：500kV 线路和 220kV 及以上的大型大跨越线路的各种杆塔，大型经济区中 330kV 主干线路中的各种杆塔；二级：普通 330kV 线路的各种杆塔和 220kV 线路中的承力杆塔；三级：除去一、二级的杆塔以外的各种杆塔。

七、荷载分项系数

在承载能力极限状态设计中计算构件的内力时，为充分考虑荷载的离散性及计算内力时进行简化所带来的不利影响，必须对荷载标准值乘以一个大于 1 的系数称为荷载分项系数。考虑到可变荷载比永久荷载的离散性更大一些，对可变荷载的分项系数取得更大一些，各种荷载分项系数如下：

永久荷载，$\gamma_G = 1.2$；

风荷载，$\gamma_{Q1} = 1.4$；

冰荷载，$\gamma_{Q2} = 1.4$；

安装及检修荷载，$\gamma_{Q3} = 1.3$。

在设计中，得到荷载标准值后，并乘以相应荷载分项系数后称为设计荷载值，用设计荷载进行内力计算和截面设计。当然也可用荷载标准值计算出内力，然后将所得内力乘以荷载分项系数后进行截面设计。

但应注意，在正常使用极限状态设计中不应考虑荷载分项系数。

八、杆塔荷载图

通过荷载组合并经线路力学计算，可得到各种情况下的导线、避雷线风压、重量、张力等荷载。按杆塔强度计算的要求，可把它们分解为作用在杆塔平面内的横向荷载和作用在与杆塔平面相垂直的纵向荷载和垂直荷载，并乘以各自的荷载组合系数后，分别用荷载图表示出来，供计算时使用。

学习情境 7

输配电线路设计的路径选择及杆塔定位

【情境描述】

路径选择和勘测是整个线路设计中的关键，方案的合理性对线路的经济、技术指标和施工、运行条件起着重要作用。路径走向的方案直接影响输电线路的安全运行和投资规模，所以输配电线路路径的选择在输配电线路施工过程中占据着极其重要的地位。同时，输配电线路杆塔位置是否合适将直接影响线路的经济合理性和运行的安全可靠性。

【教学目标】

知识目标：

(1) 掌握输配电线路设计路径方案的选定原则和方法；

(2) 熟悉输配电线路设计勘探资料的收集方法和勘探需要做的主要工作；

(3) 熟悉杆塔定位的原则和杆塔定位的方法；

(4) 掌握定位弧垂模板的制作及选择；

(5) 掌握杆塔定位后的校验方法。

能力目标：

(1) 根据输配电线路的起止点选择合适的路径方案；

(2) 根据地图和地形地貌对输电线路现场进行勘探，确定输配电线路的路径方案；

(3) 结合计算公式，确定杆塔定位的高度；

(4) 根据抛物线计算公式，计算直线杆塔的最大弧垂值，结合弧垂曲线查找相对应的计算档距；

(5) 结合计算公式，对定位后的杆塔进行校验计算。

态度目标：

(1) 能主动学习，在完成任务过程中发现问题，分析问题和解决问题；

(2) 勤于思考，善于分析与总结问题；

(3) 具有团队意识和团队协作的能力，能够协同团队成员共同完成学习任务；

(4) 具有不怕苦、不怕累的职业精神，能够通过团结合作树立良好的职业品质。

【教学环境】

多媒体教室、一体化教室、架空输配电线路实训基地等。

学习任务 7.1 输配电线路设计路径的选择

【任务描述】

(1) 针对某 110kV 的输配电线路建设工程，给定比例为 1∶50000 的地图，要求在图上标出选线所需要的内容。

(2) 结合地图和某地地形地貌特征对某 110kV 输电线路工程进行现场勘探。

【任务准备】

(1) 线路路径选择的原则有哪些？

(2) 线路路径选择的目的和步骤是什么？

(3) 现场勘探测量的主要工作包含哪些方面？

(4) 如何对线路路径方案进行比较？

【任务实施】

(1) 根据输配电线路的起讫点选择合适的路径方案；

(2) 根据地图和地形地貌对输电线路现场进行勘探，确定输电线路的路径方案。

【相关知识】

一、路径选择的原则

选择线路的路径，应在做好充分调查研究的基础上，尽量少占耕地，综合考虑运行、施工、交通条件和路径长度等因素，认真与建设单位等有关单位协商，按照统筹兼顾、合理安排的原则，进行方案技术经济比较，确定出最佳的方案。

对发电厂或变电站的进出线走廊，应根据电力系统规划和厂所总体布置进行设计。当受到地形限制时，进出线可采用双回路或多回路杆塔。

线路路径选择的基本原则如下：

(1) 线路长度应尽量短、转角少、特殊跨少一些；

(2) 应尽量避免高山、宽河、湖泊、沼泽、林区、矿区、滑坡区、塌方区、冲刷区、重冰区、重雷地、强烈地震区以及居民区；

(3) 应便于施工、运行、检修；

(4) 尽量减少线路沿线对各种通信线路、弱电设备、各种用途调幅台和调频台以及机场的影响。

二、路径方案的选定

输配电线路路径选择的目的是在线路起止点间选出一个既安全可靠又经济合理，符合国家各项方针政策和设计技术条件的线路路径，因此路径的选择必须建立在对线路沿线进行广泛细致的调查研究的基础上。路径的选择分为两步，第一步是图上选线，第二步是野外选线。在 1∶10000 或 1∶50000 的地形图上进行图上选线，地形图式样如图 7-1 所示，从地形图上可以明确一个区域内的地形特征和房屋、道路、河流、已有输配电线路及其他各种建筑物的分布状况。

图上选线由设计和测量人员共同进行，并在图上标出以下内容：

(1) 路的起止点的变电站（发电厂）位置，如果考虑线路在中途引入其他变电站时，亦应标出引入点位置；

（2）用不同的颜色标出不同路径方案的走径并注明线路的全长；

（3）拟建的巡线站、检修站的位置；

（4）沿线附近电信线的位置及杆面布置图；

（5）标出已运行的送电线路走径、电压、回路数及主要杆塔型式；

（6）铁路、公路、河流改建发展规划；

（7）城市发展规划，新建拟建厂矿及其他建筑物的范围；

（8）线路通过矿区时，应描绘出矿区范围及塌陷区范围；

（9）控制线路走径的其他设施位置和范围。

图上选线时，将地形图拼贴在平整的大图板或墙上，先将线路的起止点、中间必经点（如 T 接点）标在图上，然后根据地形图和已有地形、地质、水文等资料逐段分析，分别标

图 7 - 1　输电线路路径图（1∶50000）

出一切可能走线方案的转角点。再沿每个方案的走向，将转角点用不同颜色的线分别连接起来，即构成数个路径方案。对这些方案，再结合已有资料作进一步认真分析，淘汰明显不合理的方案，留出 2～3 个较优方案待野外踏勘后进行取舍。

三、输电线路的勘探及线路路径方案的比较

（一）线路勘探的必要性

由于地形图的局限性和地形、地貌的变迁，图上选线时所掌握的资料不一定齐全，因此对图上所选路径还必须到现场进行踏勘核对，并沿线进一步搜集有关资料。野外踏勘一般分为如下三种情况：

（1）对较长的线路一般采用重点踏勘。即在图上选线时进行认真分析，明确全线地形地质概况，列出线路通道和转角点位置有限制，地形地质条件复杂，大河流、铁路、公路、重要通信线等重要交叉跨越点，交通运输有困难等地段作为野外踏勘的重点，而对地形地质条件较好、线路通道较开阔的地段可不踏勘。如此可减少野外作业工作量又不影响路径的合理性，从而可缩短设计周期。

（2）对较短的线路一般采用全线踏勘。

（3）对沿线情况较复杂，如重要交叉跨越段、村庄密集地段、地形地质条件较复杂地段等，这些地段对线路走向限制较严，此时需用仪器进行初测，将线路走向基本确定下来。

（二）线路勘探前搜集的资料

（1）搜集电力系统的电压等级、回路数、导线型号、线路的起讫点和中途拟引入的变电站位置及其进出线方向等资料。

（2）按照 5～10 年的电力系统远景发展规划计算短路电流，以便计算输电线路对电信线路的危害影响。

（3）了解两端变电站（或发电厂）的位置，进出线回路数及每回路的位置，变电站（发电厂）附近地上、地下设施及对终端杆塔位置的要求。

（4）搜集沿线可能经过地区的地形图，比例尺为 1∶50000 或 1∶25000，对城市规划区、居民区及拥挤地段，其地物地貌比较复杂，应取比例尺较小的地形图（1∶1000 或 1∶2000）。

（5）向邮电、铁路、军事等有关单位搜集了解沿线附近已建或拟建的电信线路的位置和性质，以便计算输电线路对电信线路的危害影响。

（6）根据室内选线的初步路径方案，进行大地电阻的测量，并搜集沿线附近已运行输电线路曾测量的大地导电率数值。

（7）初步估算送电线路对电信线路的危害影响，并与有关单位进行原则协议，为室内选线提供资料。

（8）搜集铁路远景和近期发展规划，铁路的路径，沿线车站及编组站的位置，铁路通信信号线的位置和使用特性。

（9）了解沿线城市和当地的发展规划及其对线路路径的要求。

（10）根据室内选线的路径方案，搜集沿线的水文资料，对跨越的河流应搜集 5 年一遇的洪水淹没范围及 30～50 年河岸冲刷变迁情况。

（11）搜集通航河流的通航情况，对通航河流应搜集 5 年一遇洪水位、最高航行水位及最高航行水位时的最高船桅顶高度。对不通航的河流应搜集百年一遇的洪水位及冬季结冰情况。

（12）搜集了解沿线河流规划改道整治情况。

（13）了解搜集矿区的采矿范围，地层地质结构，矿藏分布塌陷范围及其对线路杆塔的危害情况。

（14）搜集沿线坐标点位置，标高和坐标值以便线路与其联系。

（15）搜集了解沿线附近已建输电线路的原始档案资料，包括线路电压、回路数、线路走径、交叉跨越情况、沿线气象资料、地质水文资料、对电信线路的影响及其保护措施等。

（16）向运行单位搜集沿线已运行线路的情况，以便选线设计参考。

（三）现场勘探测各专业人员的主要工作

现场勘探测量，通常由设计勘察、施工、运行等单位的有关工作人员组成工作组，由于各专业所需要的资料不同，各专业人员的主要工作如下。

1. 测量方面

（1）根据室内选线的路径方案，进行现场踏勘，确定经济合理的路径方案。踏勘是利用室内选线的地形图，按照地形图上的路径进行现场调查了解，鉴定图上选择的路径是否符合选线技术要求，线路能否畅通无阻。一般可根据现场的地物，先确定转角点位置，然后目测两转角点之间的线路沿线情况。当线段较长或遇有障碍物，两端不能通视时，可在线路中间的高处，目测线路前后通过的情况。

（2）详细记录各个路径方案的优缺点，并提出可行的修改方案。

（3）在规划区、居民区、拥挤地段及地物地形较复杂的地段，或对线路走径要求严格的地方，采用目测方式难以确定路径的准确性时，可采用仪器走线的方法测量线路的准确位置，然后判断是否满足有关要求，并找出可行的路径方案。

（4）选择安全的跨河位置，并测量各个跨河方案的平、断面，以便进行技术经济比较。

（5）当交叉跨越角度接近允许值时，应采用仪器测量交叉角度，并在现场确定满足交叉角度的路径方案。

（6）对可能有影响的设施（如无线电台、雷达、导航台等），当输配电线路与其距离接近允许值时，应用仪器进行现场测量，以便判断该距离是否满足要求。

（7）搜集并核对现场的坐标点、水准点位置并绘制草图，以便终勘时查找。

（8）补测地形图上没有的地物地貌，如绿化地带、积水区、水库、工矿厂房、居民点、架空灌渠、地下电缆、公路、采石场、电台和仓库等。

（9）测量发电厂或变电站两端进出线平面图，其比例尺为 1：500 或 1：2000，以便布置进出线走径。

（10）测量拥挤地段平面图，其比例尺为 1：5000 或为 1：200000。

（11）山区线路遇有大高差、大档距或地形复杂的地段时，应测量平面图、断面图，以确定杆塔型式。

（12）向当地居民搜集了解历史上出现的最大风、结冰、雷害等情况，作为确定线路设计气象条件参考。

2. 电信线相对位置调查小组的主要工作

（1）调查并核对在影响范围内的电信线走径是否与有关部门提供的位置相符合，把正确的位置标绘在地形图上。

（2）将现场新出现的电信线走径标绘在地形图上。

（3）电信线的相对位置，一般可以依据地物、地貌的相对关系，用目测的方式标注在地形图上。对接近输电线路距离较近的电信线，应采用仪器测量其相对位置，以保证准确性。

（4）向沿途各县、区邮电部门及电信线的运行单位搜集电信线的等级、使用性质、有无增客站、线条数量及材料、杆面线条布置型式、分支点等。如已安装保护措施，应了解其运行情况。

（5）搜集电信明线改为电缆的地点及电缆规格型号。

（6）绘制输电线路与电信线路的相对位置图，比例尺为 1：5000 或 1：1000000。

3. 施工运行方面

为便于编制施工组织和施工准备工作，及线路的运行管理，在初勘测量过程中，外线、运行小组的主要工作如下：

（1）了解线路走径是否合理，是否便于施工和运行维护，以保证线路安全运行。

（2）了解沿线地形地貌情况、大跨越、大档距和一般交叉跨越情况，以便考虑施工方法。

（3）了解比较困难的施工地段，并提出解决的措施或对线路走径提出合理的改进方案。

（4）调查沿线交通运输及道路的分布情况，掌握主干公路通往线路各点的最佳运输路线和各道路分岔口位置，以便施工、运行检修及运输。

（5）掌握了解沿线铁路、公路的桥梁、涵洞的承载能力及其隧洞可能通过的最大高度和宽度，以便确定运输方式和车辆。

（6）掌握了解火车站的位置、装卸能力和方式，选定材料到货的车站并选定沿线材料站以便材料的集中和搬运。

（7）选择巡线站和检修站的位置，一般应选在靠近居民区，生活供应、交通、供电、通信等方面比较方便，并便于线路的维护检修的地点。

4. 概算专业方面

该小组可由概算编制人员和施工人员组成，其主要工作内容如下：

（1）调查全线交通运输道路的情况，确定需要修桥补路的数量及加固方法。

（2）调查砂石材料的来源、价格、质量及生产情况，运输距离和运输方式。

（3）确定沿线地形分类的长度和范围，如高大山岭、一般山地、丘陵地、平地、泥沼地等的分布情况。

（4）确定沿线材料运输方式和距离，如汽车运输、马车运输或人力搬运、架空索道运输、水路运输等。

（5）详细记录沿线拆迁房屋的数量、种类及其他需要搬迁的设施。

（6）详细记录沿线需要砍伐的树木种类、高度、直径、数量及单价。

（7）详细调查沿线赔偿青苗的种类、数量和价格。

（8）确定现场材料站的位置。

（9）了解沿线路各种地质情况，如流沙、泥水坑、岩石、黏土等的范围。

5. 水文调查方面

初勘测量时，水文调查的主要内容如下：

（1）调查了解沿线路的水文情况、积水区范围、深度、积水的季节性及冬季结冰厚度。

（2）调查山洪排泄途径、排洪量和排洪时期、范围以及对线路路径影响情况。

（3）调查了解山区河道供水范围、冲刷情况、河道变迁情况。

（4）调查水库泄洪河道的水流范围、水位标高，以便确定杆塔位置和对水面的距离。

（5）对跨越的河流，应调查 5 年一遇洪水淹没范围及 30～50 年的河岸冲刷变迁情况，以便确定跨越杆塔的位置和型式。

（6）对于通航河流，应调查 5 年一遇的洪水位及最高航行水位和相应的最高船桅顶高度，以便确定导线对最高洪水位和船桅杆的距离。

（7）对不通航的河流，应调查百年一遇洪水位和冬季结冰表面标高，以确定导线对洪水位和结冰表面的距离。

（8）调查洪水时河流漂浮物的大小及其堆积面积和地点，春季流冰的冰块大小及其对河岸或河中建筑物的破坏情况，以便考虑河中立杆塔时对基础的影响。

（9）调查河流横向冲刷范围和纵向冲刷深度，水流速度，冲刷土壤颗粒的大小，以便确定杆塔基础型式和埋深。

（10）调查河床的变迁情况，河岸坍塌、河湾、边滩、沙滩移动范围，以便考虑跨越河流杆塔的位置。

6. 地质调查方面

线路初勘测量时的地质工作，是对不良地质的地段和跨河段进行地质调查或局部钻探对其他的地段只做一般了解，待终勘测量时再对全线进行地质钻探。初勘测量地质工作的主要内容如下：

（1）进行全线地貌的了解调查，记录沿线地形分布范围；调查沿线不良地质分布范围，如冲沟、滑坡、崩塌、岩堆、湿陷性土壤等的形成和发展情况；判断对杆塔基础安全稳定的影响程度，提出防护措施，或修改线路走径。

（2）详细调查了解煤矿的采空区分布范围及地面的变化发展情况。

（3）调查山区岩石的风化程度和范围。

（4）了解沿线地下水深度及土壤冻结深度。

（5）调查跨河两岸地质稳定情况和土壤类别，必要时对拟跨河的杆塔位置进行地质钻探，提出土壤的力学特性，以便为设计跨河杆塔的基础提供较可靠的资料数据。

（6）根据沿线地质情况，对全线路径方案进行评价，并提出可行的修改方案。

（7）根据现场初步调查了解的情况，分段确定沿线地质类别和土壤的力学特性数据，如地容量、地耐力、地下水深度等。

（四）线路路径方案的比较

在图上选线留下的 2～3 个方案，再通过野外踏勘，对图上所选路径方案进行必要的修改，并根据搜集到的沿线工矿企业、邮电通信、城镇建筑、文化古迹、交通运输以及军事设施等详尽资料，了解相互影响情况，从整体利益出发，经过与有关方面共同协商，提出一个较合理的路径方案作为推荐方案。

路径方案比较时，一般包括如下内容：

（1）线路的长度；

（2）通过地段的地势、地质、地物条件以及对作物和其他建设的影响；

（3）交通运输及施工、运行的难易程度；

（4）对杆型选择的影响；

（5）大跨越及不良地形、地质、水文、气象地段的比较；

（6）通过地段的生态环境影响；

（7）技术上的难易程度，技术政策及有关方面的意见等；

（8）线路总投资及主要材料，设备消耗量的比较等。

学习任务 7.2　输电线路杆塔的定位及校验

【任务描述】

（1）已知杆塔悬点的高度、导线对地的最小距离等条件，计算其杆塔定位的高度。

（2）已知某段线路的档距、最大比载及最大弧垂时的应力，试求最大弧垂值，并结合弧垂曲线查找相应的计算档距。

（3）计算某绝缘子串的最大摇摆角度。

【任务准备】

（1）杆塔定位的原则有哪些？

（2）如何计算杆塔定位高度？

（3）导线弧垂计算的抛物线方程是什么？

（4）如何对线路路径方案进行比较？

【任务实施】

（1）结合计算公式，确定杆塔定位的高度。

（2）根据抛物线计算公式，计算直线杆塔的最大弧垂值，结合弧垂曲线查找计算档距。

（3）结合计算公式，对定位后的杆塔进行校验计算；根据相关计算公式，确定绝缘子串的最大摇摆角度。

📖【相关知识】

一、杆塔定位的原则

杆塔定位分为室内定位和室外定位。室内定位是用弧垂曲线模板在线路勘测中所得的平、断面图上排定的杆塔位置和型式。室外定位是把在断面图确定的杆塔位置到现场复核校正，并用标桩固定下来。

杆塔位置选择是否恰当，直接影响线路运行的安全可靠性和建设的经济合理性。定位时应注意以下原则：

（1）孤立档，尤其是档距较小的孤立档，易使杆塔的受力情况变坏，施工困难，检修不便，应尽量避免；

（2）打拉线的杆塔应注意拉线的位置，在平地时，应避免打在路边或泥塘洼地，山地应避免因顺坡面而使拉线过长，无论哪种情况都不能将拉线打在道路中；

（3）杆塔定位时，除考虑边坡外，还需注意施工时应为焊接排杆、立杆、临时打拉线、紧线等留有足够的位置；

（4）杆塔定位于陡坡时，应注意其基础受冲刷情况，必要时应采取防护措施；

（5）在重冰区定位时，应尽量避免大档距，并使杆塔布置均匀一些；

（6）当不同杆型或不同的导线排列方式相邻时，档距的大小应考虑档中导线的接近情况；

（7）注意杆位与地下电力电缆、电信电缆、管道、索道、公路的安全距离；

（8）档距的布置应最大限度地利用杆塔的设计档距；

（9）在跨越电力线路时，低电压等级的线路必须在高电压等级的线路下方；

（10）杆塔定位时还必须注意尊重当地少数民族的风俗习惯；

（11）尽量少占农田，减少土石方开挖量。

二、杆塔定位的方法

1. 定位前的准备工作

在定位之前，杆塔的位置和档距尚未确定，因此不知道每一个耐张段的代表档距是多少。所以在定位之前应制作几个不同的代表档距的模板；其次列出各种杆塔的技术特性（杆塔型式及代号、导线及避雷线悬点高度，最大设计水平档距和垂直档距，拉线基础占地位置及主要经济指标等）；列出各种杆塔的定位高度，制作好必需的定位校验曲线。

杆塔的定位高度，可按下式计算

$$h_0 = H - (d + \Delta d) = H - \alpha \tag{7-1}$$

式中　h_0——杆塔的定位高度，m；

　　　H——杆塔的悬点高度，m；

　　　d——允许的导线对地最小距离，m；

　　　Δd——考虑各种误差而采取的裕度，m。

2. 模板定位的操作方法

在平断面图上利用模板定位时，首先将必须设立杆塔的地点（如转角点，山顶地形较高的地点，交叉跨越附近）初步标在图上；然后在这些杆位点之间根据使用杆塔可能施放的档距，把各杆塔的定位高度 h_{D1}，h_{D2}，h_{D3} 画在断面图上，如图 7 - 2（a）所示。

此时，将定位模板平放在断面图上，使模板曲线与相邻两杆塔的定位高度 a 点和 b 点相连，如一模板曲线某一点已与地面相切，其他部分均在地面以上，则认为所定杆位点基本满足要求。若导线对地距离裕度太大，或不满足对地距离时（即模板曲线的某一点在地面以下），可调整杆位或杆高至满足要求而又经济合理为止。按照这种方法将一个耐张段的杆（塔）位确定完毕后，可以求出该耐张段的代表档距。如果使用模板的代表档距与该代表档距接近，则认为该耐张段所定杆位合适；否则应更换与该代表档距相接近的模板，重新校验导线对地距离是否满足要求。这样重复定位步骤，直至确定一个耐张段的杆位。当杆塔立在山坡上时，需要降低施工基面（如 0.3m），此时杆塔的定位高度应当减去降低施工基面的距离，如图 7 - 2（b）所示。杆位确定后，应在平断面图上注明所定的杆号、杆型代号、档距、代表档距、耐张段长度和施工基面等。

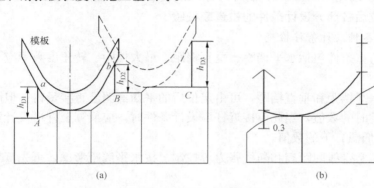

图 7 - 2　模板定位操作

（a）定位高度断面图；（b）降低施工基面图

三、定位用弧垂模板的制作及选择

（一）定位用弧垂模板的制作

直线杆塔的室内定位，是根据不同档距的最大弧垂绘制成的模板排定的。用最大弧垂绘制的模板称为最大弧垂模板又简称弧垂模板。

已知导线弧垂按抛物线方程式计算为

$$f_{max} = \frac{g}{2\sigma}\left(\frac{l}{2}\right)^2 \tag{7 - 2}$$

令纵坐标 $y = f$，横坐标 $x = \frac{l}{2}$，常数 $K = \frac{g}{2\sigma}$，则上式为

$$y = Kx^2 \tag{7 - 3}$$

式中　g——最大弧垂时的导线比载，若最高气温时出现最大弧垂 $g = g_1$，若覆冰无风时出现最大弧垂 $g = g_3$，N/（m·mm²）；

　　　　σ——最大弧垂时的导线应力，N/mm²；

　　　　l——档距，m。

用式（7 - 3）按平断面图相同的比例尺画出该抛物线曲线，此曲线即为最大弧垂模板曲线。将此曲线刻在透明胶板上，即得工程中所用的最大弧垂模板，如图 7 - 3 所示。取各种不同的 K 值，可以制成一套模板，以供工程设计中选用。

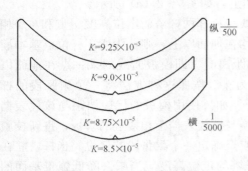

图 7-3 最大弧垂模板

（二）定位用弧垂模板的选择

从以上最大弧垂模板的制作可知，要选用合适的弧垂模板曲线，关键是定 K 值。以全线最多的直线杆塔为代表，按式求出其最大允许弧垂值 f_{max}，用 f_{max} 在应力弧垂曲线上查出对应的计算档距。

取 $0.8\sim0.9$ 倍的计算档距为假想的代表档距（根据工程经验，平地线路的代表档距约为计算档距的 0.9 倍，山区为 $0.8\sim0.85$ 倍），用此假设的代表档距在弧垂应力曲线上查出最大弧垂时的导线应力，计算 K 值，用此 K 值从成套制好的标准模板中选出所需要的模板。

四、杆塔定位后各部分设计条件的检查或校验

（一）杆塔的各种设计条件检查

杆塔的机械荷重条件包括水平档距、垂直档距、最大档距、转角度数等应不超过杆塔的设计允许值。

（1）杆塔的水平档距和垂直档距，可由定位后的平断面图上直接量得。但图上量得的垂直档距系最大弧垂时的数值，当此值接近杆塔设计条件时，应换算至杆塔设计资料气象条件（如大风、覆冰或低温）下的数值。

（2）最大档距常受线间距离和断线张力等控制。按水平线距考虑，可先算出 f_{max}，然后用下式求得

$$l_{max} = \sqrt{\frac{8\sigma_0 f_{max}}{g_1}} \qquad (7-4)$$

式中　σ_0——最大风速时的导线应力，N/mm^2。

定位的档距均应小于 l_{max}，若杆塔两端的档距不等时，可用档距平均值进行计算。

（3）转角杆塔的转角度数超过设计值时，应变动杆位或校核转角杆塔的强度，必要时更换杆塔。

此外两侧档距、高低悬殊的直线杆塔和两侧代表档距相差悬殊或两侧气象条件、安全系数不同的耐张型杆塔，还应验算不平衡张力。

（二）直线杆塔摇摆角的校验

当导线和绝缘子串受风压作用时，悬垂绝缘子串将发生摇摆，其偏斜的角度称摇摆角，如图 7-4 所示。

1. 最大允许摇摆角的确定

当已知直线杆塔的头部尺寸和绝缘子串的长度时，可按一定的比例尺，用作图的方法求出满足正常大风、内过电压、外过电压三种情况下最小空气间隙 e_1、e_2、e_3。此时最大摇摆角分别为 θ_1、θ_2、θ_3。图 7-4 所示，挂有重锤的绝缘子的最大摇摆角可用式（7-6）计算。

设电杆的外径为 D，间隙的裕度为 δ，重锤直径为 d，最大允许横担长度为 l，则当最小空气间隙为 e_3 时，绝缘子串的最大水平偏移 B 为

$$B = l - \left(\frac{D}{2} + \delta + e_3 + \frac{d}{2}\right) \qquad (7-5)$$

这时的最大摇摆角 θ 为

$$\theta = \arcsin \frac{B}{\lambda} \qquad (7\text{-}6)$$

式中　λ——绝缘子串的长度。

在正常最大风情况下，绝缘子串最大摇摆角还可能受悬挂点处第一片绝缘子与横担下缘相碰撞，这时最大摇摆角 θ_1' 可用作图确定。另外在正常最大风情况下，绝缘子串的风偏角还有可能受导线至横担的最小空气间隙 e_1 控制。这时绝缘子串的最大摇摆角 θ_1'' 可按下式计算

$$\theta_1'' = \arccos\left(\frac{e_1 + \delta}{\lambda}\right) \qquad (7\text{-}7)$$

在正常最大风情况时，绝缘子串的最大摇摆角应取上述最小值，作摇摆角临界曲线计算。对于打四方拉线的杆塔，绝缘子串的最大摇摆角可按作图法求得。当不考虑重锤时，作图步骤如图 7-5 所示。

（1）作 AE 线为拉线在杆塔平面的投影线；

（2）作 $A'E'$ 线平行 AE，且两平行线的垂直距离为 $e+\delta$；

（3）以 O 为圆心，x 为半径，作圆弧与 $A'E'$，相交于 F 点，连接 OF，则 OF 和 O 点垂线的夹角 θ，即为绝缘子串的最大摇摆角。

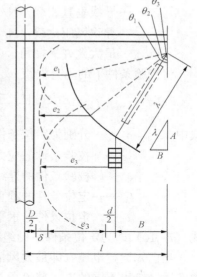

图 7-4　最大允许摇摆角

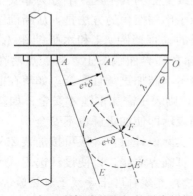

图 7-5　打四方拉线的电杆的最大摇摆角

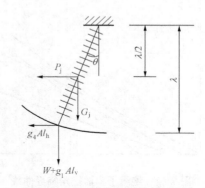

图 7-6　悬垂绝缘子串受力图

2. 摇摆角临界曲线

如图 7-6 所示为绝缘子串受力图。设绝缘子串的自重 G_j 和其风压 P_j 只集中在绝缘子串中央 $\lambda/2$ 处，重锤重量 W 作用于导线悬点处，当摇摆角达到最大允许值 θ（即处于临界状态）时，则

$$\tan\theta = \frac{P_j/2 + g_4 A l_h}{G_j/2 + g_1 A l_v + W} \qquad (7\text{-}8)$$

$$l_v = \frac{1}{g_1 A}\left(\frac{P_j + 2g_4 A l_h - G_j \tan\theta}{2\tan\theta} - W\right) \qquad (7\text{-}9)$$

式中　l_v——校验条件下的垂直档距，m；

　　　l_h——水平档距，m；

A——导线截面积，mm^2；

g_1——导线垂直比载，$N/(m \cdot mm^2)$；

g_4——导线风压比载，$N/(m \cdot mm^2)$；

θ——最大允许摇摆角，(°)。

将校验条件下的垂直档距 l_v，换算为定位条件的 l_{v0}，则 l_{v0} 为

$$l_{v0} = \frac{\sigma_0}{g_0 A \sigma}\left[\frac{P_j - G_j \tan\theta}{2\tan\theta} - W + \left(\frac{g_4 A}{\tan\theta} + \frac{\sigma g_0 A}{\sigma_0} - g_1 A\right)l_h\right] \tag{7-10}$$

式中　g_0、σ_0——分别为定位条件的比载和应力，$N/(m \cdot mm^2)$、N/mm^2；

σ——校验条件的应力，N/mm^2；

g_1——校验条件的导线比载，$N/(m \cdot mm^2)$；

l_{v0}——定位条件的垂直档距，m；

l_h——定位条件的水平档距，m。

式（7-10）即为定位条件下的绝缘子摇摆角临界曲线计算式。

当已知运行电压（即最大风情况）、内过电压、外过电压情况绝缘子串的最大允许摇摆角 θ 后，给出不同的 l_h，将 θ 角和 l_h 代入式（7-10）便可求出上述三种情况的绝缘子串摇摆角临界曲线。如图 7-7 所示，图中曲线 2 为加装重锤时内过电压情况的绝缘子串摇摆角临界曲线，曲线 1、3、4 分别为不加装重锤时内过电压、运行电压、外过电压三种情况的绝缘子串摇摆角临界曲线。

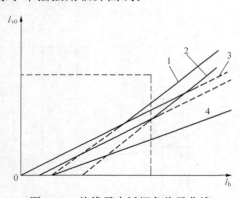

图 7-7　绝缘子串摇摆角临界曲线

曲线上方为安全区，下方为非安全区。校验杆塔绝缘子串摇摆角的方法是：从断面图上量出被校验杆塔的垂直档距 l_{v0} 和水平档距 l_h，然后把 l_{v0} 和 l_h 标在临界曲线图上，若交点落在曲线 1 的上方则表示不需加重锤且安全；如落在曲线 1 和曲线 2 之间，则表示需加重锤才安全；如落在曲线 2 以下，则表示即使加重锤也不安全。

在实际设计时，一般可按加装 20kg 或 40kg 的重锤计算临界曲线，以便设计选用。

（三）直线杆塔上导线上拔校验

导线作用在杆塔的垂直荷载为

$$G = gAl_v \tag{7-11}$$

式中　g——计算气象条件下，导线或避雷线的垂直比载，$N/(m \cdot mm^2)$；

A——导线或避雷线的截面积，mm^2；

l_v——计算气象条件下，导线或避雷线的垂直档距，m。

对相邻杆塔悬点高差很大的直线杆，在最不利的气象条件下，可能使避雷线的垂直档距出现负值，即 $l_v < 0$；根据式（7-11）导线作用于杆塔的垂直荷载 G 也变为负值。此时作用于绝缘子串的垂直荷载为方向向上的上拔力，这种现象称为导线或避雷线的上拔。

导线上拔时，将使横担承受向上的弯曲力矩，从而影响横担的机械强度和稳定性。此外由于导线上拔，使绝缘子串的风偏角增大，造成导线对杆塔的空气间隙不足，危及安全运行。因此必须对已定的杆位及杆型进行其导线和避雷线的上拔校验，以便采取措施。

　　导线和避雷线的垂直档距与其比载和应力有关，由于导线的应力和比载随气象条件变化，故导线的垂直档距较小，但仍为正值垂直档距的直线杆塔，当气象条件变为最低气温时，由于导线冷缩、弧垂减小，可能使该垂直档距变为负值，引起导线上拔。显然，控制导线上拔的气象条件是最低气温情况。在最低气温时，若 $l_v < 0$，则导线上拔；导线上拔与不上拔的临界条件是最低气温时，导线的垂直档距 $l_v = 0$。

　　由于排完杆位后，在断面图上只能知道最大弧垂时（即定位条件下）的导线垂直档距 l_{v0}，为便于校验，一般将控制气象条件（最低气温情况）下的垂直档距 l_v 换算为定位条件下的垂直档距 l_{v0} 来表示。

　　设最低温度时的导线比载为 g，应力为 σ，最大弧垂时的导线比载和应力分别为 g_0 和 σ_0，杆塔的水平档距为 l_h，则该两种气象条件下的垂直档距分别为

最低温度时的垂直档距

$$l_v = \frac{\sigma}{g}\left(\pm \frac{\Delta h_1}{l_1} \pm \frac{\Delta h_2}{l_2}\right) + l_h \qquad (7\text{-}12)$$

最大弧垂时的垂直档距

$$l_{v0} = \frac{\sigma_0}{g_0}\left(\pm \frac{\Delta h_1}{l_1} \pm \frac{\Delta h_2}{l_2}\right) + l_h \qquad (7\text{-}13)$$

由式（7-12）和式（7-13），可得两种气象条件的导线垂直档距换算式为

$$l_{v0} = \frac{\sigma_0 g}{g_0 \sigma}(l_v - l_h) + l_h \qquad (7\text{-}14)$$

当导线处于上拔临界状态时，即最低温度时的垂直档距 $l_v = 0$，这时利用式（7-14）可以得到。当导线处于上拔临界状态时，在最大弧垂时的垂直档距 l_{v0} 为

$$l_{v0} = \left(1 - \frac{\sigma_0 g}{g_0 \sigma}\right) l_h \qquad (7\text{-}15)$$

　　对于某一耐张段的代表档距为 l_D 时，其导线的 g_0、σ_0 及 g、σ 均为已知数，此时以 l_h 为自变量，即可利用式（7-13）计算出一系列的 l_{v0} 值，将它们绘在以 l_h 为横坐标，以 l_{v0} 为纵坐标的平面上，并连成曲线，就得出代表档距为 l_D 时的导线上拔临界曲线，如图 7-8 所示。同理可以制作其他代表档距时的导线上拔临界曲线。

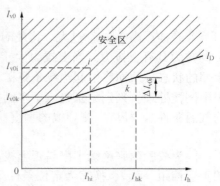

图 7-8　导线上拔临界曲线

　　利用图 7-8 所示的临界曲线，校验导线是否上拔的方法如下：

　　（1）根据被校验杆塔所处的耐张段的代表档距，选取一条临界曲线，在该曲线的上方区域为安全区（即不上拔区），曲线下方为非安全区（即上拔区）。

　　（2）将被校验杆塔的水平档距 l_{ki} 和垂直档距 l_{v0i} 标在校验曲线平面图上，若 i 点落在安全区，则表示不上拔，若 i 点落在非安全区则表示导线上拔，若 i 点恰巧落在曲线上则表示导线既不上拔也不下压，处于临界状态。

　　（3）若 i 点落在上拔区 k 点时，设 k 点至临界曲线的垂直距离为 Δl_{v0i}，则最低温度时导

线的上拔为

$$W = g_0 A \Delta l_{v0i} \tag{7-16}$$

式中 W——导线的上拔力或为抵偿上拔力应安装的重锤的重量，kg；

  A——导线的截面积，mm^2；

  g_0——导线的最大弧垂时的比载，$N/(m \cdot mm^2)$。

当导线上拔力较大，需要安装的重锤过重，杆塔结构不允许时，可调整杆位或将直线杆塔改为耐张杆塔。

（四）耐张绝缘子串倒挂校验

如图 7-9 所示，耐张杆 A 的垂直档距 $l_v = l_{v1} + l_{v2}$，其中 l_{v1} 和 l_{v2} 分别为杆的前后两侧档距的垂直档距分量。

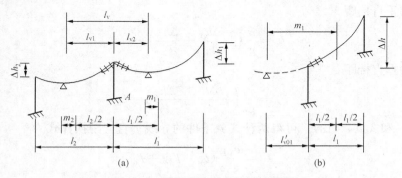

图 7-9 耐张绝缘子串倒挂计算图

当耐张杆 A 的导线悬点高度低于相邻杆的导线悬点高度时，则耐张杆该侧的导线垂直档距分量为

$$l_{v1} = \frac{l_1}{2} - m_1 = \frac{l_1}{2} - \frac{\sigma_{01} \Delta h_1}{g l_1} \tag{7-17}$$

若悬挂点高差 Δh_1 过大，将使耐张杆 A 的垂直档距分量 l_{v1} 为负值，这时该侧导线对杆 A 的拉力具有上拔力。当上拔力大于一侧耐张绝缘子串的重量时，耐张绝缘子串将处于向上翘的状态，从而将引起绝缘子瓷裙积水污秽，降低绝缘强度。为防积水，往往将耐张绝缘子串倒挂处理。判别耐张绝缘子串倒挂的临界条件，取年平均运行应力气象条件下（即年平均气温条件），杆塔一侧导线的垂直荷载等于耐张绝缘子串的重量 G_j，即：

$$l_{v1} g_1 A = -G_j \tag{7-18}$$

因为校验耐张绝缘子串是否上拔，也是在定位条件下进行的，故应将年平均气温条件下的垂直档距分量 l_{v1} 换算为定位条件下的垂直档距分量 l_{v01}。根据前述的垂直档距换算式推导方法，可得导线在两种气象条件下垂直档距分量换算式：

$$l_{v01} = \frac{l_1}{2} - \frac{\sigma_0 g_1}{g_0 \sigma}\left(\frac{l_1}{2} - l_{v1}\right) \tag{7-19}$$

式中 σ——年平均气温条件的导线应力，N/mm^2；

  g_1——年平均气温条件的导线比载，$N/(m \cdot mm^2)$；

  l_1——一侧的水平档距，m。

当耐张绝缘子处于倒挂临界条件时，将 $l_{v1} = \dfrac{-G_j}{g_1 A}$ 代入式（7-19），可求得定位条件下

耐张绝缘子串倒挂临界垂直档距分量为

$$l_{v01} = \frac{l_1}{2} - \frac{\sigma_0 g_1}{g_0 \sigma}\left(\frac{l}{2} + \frac{G_j}{g_1 A}\right) \tag{7-20}$$

式中　l_{v01}——在定位条件下，耐张绝缘子串处于倒挂临界状态时的垂直档距分量。

实际上 l_{v01} 是一个负值，一般只在定位模板曲线上发现耐张杆某一侧的垂直档距分量为负值时，才校验耐张绝缘子串是否倒挂。

为方便直接用负值 l_{v01} 的绝对值 l'_{v01} 来校验，即用代入式（7-20）得出耐张绝缘子串倒挂临界曲线计算式为

$$l'_{v01} = \frac{\sigma_0 g_1}{g_0 \sigma}\left(\frac{l_1}{2} + \frac{G_j}{g_1 A}\right) - \frac{l_1}{2} \tag{7-21}$$

据式（7-21）相应于某一代表档距为 l_D 时，即可计算并绘制出一条耐张绝缘子串的倒挂临界曲线，如图 7-10 所示。

实际上耐张绝缘子串的倒挂临界曲线是一条直线，直线上方为耐张绝缘子串的倒挂区，直线下方为正挂区。校验方法是从断面图上量取耐张杆负值垂直档距分量的绝对值 l'_{v01} 和档距 l_1，并将它们标在耐张绝缘子串倒挂临界曲线图上，若其交点落在曲线上方则绝缘子串应倒挂，反之则应正挂。为适应全线的校验需要，应取若干代表档距，分别制成若干条校验曲线，供校验时使用。

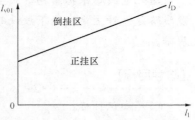

图 7-10　耐张绝缘子串倒挂临界曲线

（五）交叉跨越校验

输配电线路与电信线、电力线等交叉跨越时，应校验在正常运行情况下，导线最大弧垂时与它们的距离（不小于规定的数值）。当确定杆塔后，在断面图上可以画出经过悬点的导线最大弧垂曲线，这时可以从断面图上直接量得导线对被跨越物的距离。当量得的距离与规定值接近时，为准确可用计算方法求得导线对交叉跨越物的距离。当校验邻档断线时的交叉跨越距离时，导线应力应取断线时的应力，邻档断线的验算条件为 +15℃无风。

习题与思考题

7-1　简述输配电线路路径选择的原则。

7-2　简述如何对输配电线路路径的选择方案进行比较？

7-3　什么叫弧垂？弧垂、应力及线长有什么关系？

7-4　什么叫水平档距、垂直档距？垂直档距的大小与哪些因素有关？

7-5　导线力学分析中根据精度要求有哪几种计算公式？写出导线悬挂曲线的平抛物线的解析方程式。

学习情境 8

电力电缆线路设计基础

【情境描述】

输配电线路根据结构形式主要有架空线路和电缆线路，与架空线路相比较，电力电缆线路是一种主要在地下敷设的输配电线路。本学习情境主要介绍电力电缆线路的设计基础。

【教学目标】

（1）知识目标：

1）了解电力电缆线路设计的内容；

2）掌握电力电缆线路设计的步骤；

3）掌握电力电缆线路设计的方法。

（2）能力目标：能够完成电力电缆线路设计的组织任务。

（3）态度目标：

1）能主动学习，在完成任务过程中发现问题，分析问题和解决问题；

2）勤于思考，善于分析与总结问题；

3）具有团队意识和团队协作的能力，能够协同团队成员共同完成学习任务；

4）具有不怕苦、不怕累的职业精神，能够通过团结合作树立良好的职业品质。

【教学环境】

多媒体教室、一体化教室、架空输配电线路实训基地等。

【任务描述】

某校园要进行校内架空线路改造，将架空线路下地改造为地下电力电缆输电。在施工前完成设计方案。

【任务准备】

明确设计任务、设计的项目、方法。

【任务实施】

（1）根据电力电缆的结构类型选择电缆；

（2）根据电力电缆的绝缘类型选择电缆；

（3）根据电力电缆的安装方式选择电缆线路的路径。

📖【相关知识】

一、电力电缆线路工程设计

1. 设计阶段

电力电缆线路工程设计阶段，一般采用两段制进行设计。第一阶段为设计纲要或初步设计；第二阶段为施工图设计。对于技术复杂而又缺少设计经验的工程，可采用三段制设计。即经主管部门批准，可增加可行性研究设计，还可增加预初步设计。

2. 路径选择

电力电缆线路设计中，选择经济合理的线路路径是设计的主要工作之一。电缆线路有长有短，特别是较长的线路，选择好线路路径尤为重要。线路路径是通过室内图纸上选线和现场实地选线两步完成的。电缆线路路径选择的要求如下：

（1）选择线路路径要考虑诸多方面的因素，如沿线地形、地质、地貌及城市规划，路径长短及施工、运行、交通等。因此，对于路径的选择可制定两到三个方案，然后再进行方案的综合比较，择优选取，做到安全可靠、经济合理。

（2）路径长度的选择要尽可能短，起讫点间线路实际路径长度与起讫点间的航空直线距离相比，即曲折系数，越小越好，应尽量趋近于 1。

（3）电力电缆线路在改变线路方向的转弯处要留有余地。各种电缆线路在安装敷设过程中，为防止电缆扭伤和过度弯曲，要保证最小允许弯曲半径与电缆外径的比值，一般为（10～20）D（D 为电缆外径）。尤其在城市内狭窄地段，选择线路路径更是要谨慎。

（4）沿线路纵断面高差选择。电缆线路高差有三层意思：①电缆线路起讫两端水平位置的高差；②电缆线路沿线地形变化的相对高差；③电缆线路上最高与最低点的位置高差。高差设计是电缆线路设计的重要依据，在路径选择时，沿线有坡度的地段，坡度不得超过 30°。

（5）大型发电厂和枢纽变电站的进出线，应根据厂、所的总体布置与统一规划选择路径。

（6）电缆线路敷设应尽量避让洪水冲刷地段、沼泽地区和重雪山头等地区，若不能避让，在设计时应考虑防范措施。

（7）线路与沿线建筑物及有关障碍物的所属单位和业主要处理好关系，并与有关方面签订书面协议。

（8）线路路径要尽可能做到少拆房屋、少砍树木、少占农田，注意保护名胜古迹、绿化带和果树等经济作物。

根据上述要求选择电缆线路路径，经有关部门对设计纲要或初步设计审批确定后，进行定线、断面测量及地质勘探。

二、电力电缆的型号选择

电缆产品品种不下数千种，选择型号时应根据具体电缆线路的工程情况，并满足生产、应用及维护的要求。选择电力电缆型号是电缆设计的基础工作。

中国电力电缆的型号是由汉语拼音字母和阿拉伯数字组成。每一个型号表示着一种电缆结构，同时也表明这种电缆的使用场所和某种特征。电力电缆产品的型号构成示意图：

$$\boxed{1}\ \boxed{2}\ \boxed{3}\ \boxed{4}\ -\ \boxed{5}\ /\ \boxed{6}\ \times\ \boxed{7}$$

电力电缆的结构型号总共包含七个单元，每个单元的代号及其含义如下所述。

第一个单元：绝缘层代号，其意义见表 8-1。

第二个单元：导电芯线材料代号，其意义见表 8-2。

第三个单元：金属护套代号，其意义见表 8-3。

第四个单元：外护层代号，包括铠装层和外被层代号，其意义见表 8-4。

表8-1　　　　绝 缘 层 代 号 表

代号	绝缘层
Z	纸绝缘
V	聚氯乙烯绝缘
Y	聚乙烯绝缘
YJ	交联聚乙烯绝缘

表8-2　　　　导电芯线材料代号表

代号	导电芯线材料
T	铜（一般省略）
L	铝

表8-3　　　　金属护套代号表

代号	金属护套
Q	铅护套
L	铝护套
LW	波纹铝护套
V	聚氯乙烯护套
Y	聚乙烯绝缘

表8-4　　　　外 护 层 代 号 表

代号	铠装层	代号	外被层
0	无铠装	1	纤维层
2	钢带铠装	2	聚氯乙烯护套
3	细钢丝铠装	3	聚乙烯护套
4	粗钢丝铠装		

第五个单元：额定电压，kV。

第六个单元：芯线数目。

第七个单元：标称截面，mm^2。

电力电缆产品型号的编制原则如下。

（1）电缆芯线材料、绝缘层材料、内护层材料及特征、特性材料一般情况下以其汉语拼音第一个字母大写表示。如线芯材料铝用 L 表示，绝缘材料纸用 Z 表示，内护层材料铅用 Q 表示。但有时也有例外，如线芯材料铜不作表示，聚氯乙烯用 V 表示，交联聚乙烯用 YJ 表示等。

有些特殊性能和结构特征也用汉语拼音的第一个字母大写表示。如在绝缘材料前用短线隔开的 ZR、DL、NH 等表示阻燃、低卤、耐火等特性；在内护层后面用 F、P 等表示分相铅包、屏蔽等结构特征。

（2）电缆外护层的结构以阿拉伯数字编号（两位数）来表示，没有外护层的电缆可不作表示。数字十位表示铠装层，个位表示外护套。如"20"中的"2"表示钢带铠装，"0"表示没有外护套。

（3）电缆型号中的字母一般按此次序排列，特性（无特性时省略）—绝缘种类—导电芯线材料（铜芯不作表示）—内护层—其他结构特征（无特征时省略）—外护层（无外护层时省略）。此外还将电缆的工作电压、芯线数目和截面积大小在型号后面表示出来。如 ZR-YJV22-8.7/15.3×185，其表示的含义是阻燃、交联聚乙烯绝缘、铜芯、聚氯乙烯内护套、钢带铠装聚氯乙烯外护套、8.7/15kV、三芯、截面积为 $185mm^2$ 的电力电缆。

在设计中，应根据电力电缆型号、敷设地、适用范围，结合具体情况，选择适合本工程的电力电缆型号。

三、电缆线芯材料的选择

电力电缆导电线芯的材料通常有铜和铝两种材料。铜芯电缆导电性能良好、机械强度高，但价格昂贵；铝芯电缆导电性能较铜芯电缆稍差，机械强度较铜芯电缆稍低，但价格低廉。在电缆线路的设计中，应根据工程的技术要求、工程的环境情况、项目的具体要求等进行考虑选择。

对于供电可靠性要求高的电力电缆线路，处在振动剧烈、高温潮湿、易燃易爆、对铝有严重腐蚀等严酷工作场所的电力电缆线路，及有特殊要求的电力电缆线路等都必须选用铜芯电缆。

对于一般技术要求、一般环境无特殊要求的情况下，可根据具体情况选用铜芯电缆或铝芯电缆。

四、电力电缆绝缘类型的选择

选择电力电缆的绝缘类型，一般是根据电力电缆线路的电压等级不同选择不同绝缘类型的电力电缆。

1. 低压配电电缆绝缘类型的选择

对于一般的低压配电电缆线路，多选用聚氯乙烯电缆。

对于火电厂、核电站、石油平台、高层建筑、公共场所和游轮船舶上的低压配电电缆线路，一般不选用聚氯乙烯电缆，由于聚氯乙烯电缆在发生火灾等事故中燃烧会产生大量黑烟和氯化氢等强腐蚀性气体。因此，在以上场所应选择其他性能好的电缆，如耐阻燃型电缆；但在游轮船舶上使用的电缆则应选择船舶专用电缆。

在矿井、水下、核电站内，一般可选用乙丙橡胶电缆，这是由于乙丙橡胶电缆不但电性能和热性能都比较好，与交联聚氯乙烯电缆相似，而且柔软性、耐 X 射线辐射性和抗水性都很好；其缺点是价格昂贵和介质损耗系数较大。

2. 10～35kV 电压等级电缆绝缘类型的选择

10～35kV 电压等级电缆绝缘类型通常选用不滴流油浸纸绝缘电缆或交联聚乙烯电缆，目前的电力电缆线路中，多选用交联聚乙烯电缆。

3. 110kV 及以上电压等级电缆绝缘类型的选择

110kV 及以上电压等级电缆绝缘类型可根据情况选择自容式充油电缆或钢管充油电缆，一般情况下也可选择交联聚乙烯电缆。

110kV 及以上交联聚乙烯电缆与充油电缆相比，虽然不需要供油系统，但其接头和终端的安装技术复杂，要求安装现场的空气非常清洁，需要采取空气净化措施。另外交联聚乙烯电缆的体积膨胀系数大、压缩模量小所带来的一些热机械性能问题尚需研究解决。

因此 110kV 及以上电压等级电缆绝缘类型需根据具体情况选择自容式充油电缆或交联聚乙烯电缆。

五、电力电缆保护层种类的选择

对于明敷的油浸纸绝缘电缆，其保护层要选择裸钢带铠装。在易受腐蚀的环境中或地下直埋辐射的电缆，其保护层要选择钢带外有护套的电缆；在水下敷设或电缆在施工运行中会受到较大拉力时，其保护层要选用钢丝铠装电缆。有金属套的电缆敷设在易受振动的环境场所时，其护套应选用铝制护套。

交联聚乙烯电缆在水下敷设时，或其电压等级为 63（66）kV 以上时，其保护层要选用防水金属套。在水下敷设或电缆在施工运行中会受到较大拉力时，其保护层也要选用钢丝铠装电缆。

六、电力电缆导电线芯截面的选择

1. 导电线芯截面选择的一般原则

（1）最大工作电流下的导电线芯的温度不得超过按电缆使用寿命确定的允许值；

（2）最大工作电流下的电缆回路所产生的电压降不得超过该回路的允许值；

（3）最大短路电流下的导电线芯所产生的热效应要满足热稳定的条件要求；

（4）长距离、大电流回路或 35kV 以上电缆线路，当符合上述条件时，宜选用经济截面；

（5）对于铝芯电缆，其截面不得小于 4mm^2；

（6）对于水下敷设的电缆，其线芯承受拉力合理时，可按抗拉强度选择截面。

综上所述，导线截面的选择必须同时满足工作电流、电压降和机械强度的要求。即电力电缆的导电线芯必须满足长时间通过最大工作电流的要求；电压降必须满足不超过规定电压降的要求，一般电力网允许的电压降不超过额定电压的 5％；机械强度必须满足电缆在承受诸如自重、风力、积雪、覆冰等情况下不发生断线的最低机械强度要求。

2. 导电线芯截面选择的一般方法

（1）按电缆长期允许载流量选择电缆截面。为了保证电缆的使用寿命，运行中的电缆导体温度不应超过其规定的允许工作温度。根据这一原则，在选择电缆时，必须满足

$$I_{max} \leqslant nK_t I_0 \tag{8-1}$$

式中　I_{max}——运行中电缆导体的最高温度；

　　　n——电缆线芯数目；

　　　K_t——温度校正系数，见表 8-5；

　　　I_0——电缆在标准敷设条件下的允许载流量。

表 8-5　　　　　　　　　　电缆长期允许载流量温度校正系数（K_t）

线芯规定温度（℃）	介质计算温度（℃）	在下列实际温度（℃）时的校正系数											
		−5	0	5	10	15	20	25	30	35	40	45	50
90	15	1.13	1.10	1.06	1.03	1.00	0.97	0.93	0.89	0.86	0.82	0.77	0.72
	25	1.21	1.18	1.14	1.11	1.07	1.04	1.00	0.96	0.92	0.88	0.83	0.78
80	15	1.14	1.11	1.07	1.04	1.00	0.96	0.92	0.88	0.83	0.78	0.73	0.68
	25	1.24	1.20	1.17	1.13	1.09	1.04	1.00	0.95	0.90	0.85	0.80	0.74
75	15	1.15	1.12	1.08	1.04	1.00	0.96	0.91	0.87	0.82	0.76	0.69	0.62
	25	1.26	1.22	1.18	1.14	1.10	1.05	1.00	0.95	0.89	0.84	0.78	0.72
70	15	1.17	1.13	1.09	1.04	1.00	0.95	0.90	0.85	0.80	0.74	0.67	0.59
	25	1.29	1.25	1.20	1.15	1.11	1.05	1.00	0.94	0.88	0.82	0.76	0.70
65	15	1.18	1.14	1.10	1.05	1.00	0.95	0.89	0.84	0.77	0.71	0.63	0.55
	25	1.32	1.27	1.22	1.17	1.12	1.06	1.00	0.94	0.87	0.79	0.71	0.61

续表

线芯规定温度（℃）	介质计算温度（℃）	在下列实际温度（℃）时的校正系数											
		—5	0	5	10	15	20	25	30	35	40	45	50
60	15	1.20	1.15	1.12	1.06	1.00	0.94	0.88	0.82	0.75	0.67	0.57	0.47
	25	1.36	1.31	1.25	1.20	1.13	1.07	1.00	0.93	0.85	0.76	0.66	0.54
50	15	1.25	1.20	1.14	1.07	1.00	0.93	0.84	0.76	0.66	0.54	0.37	—
	25	1.48	1.41	1.34	1.26	1.18	1.09	1.00	0.89	0.78	0.63	0.45	—

（2）按电缆短路时的热稳定性选择电缆截面。对于长电缆线路，除按负荷电流选择截面外，还要校核负荷电流产生的电压降是否在允许范围内，如超出允许范围，选择高一档的截面。若电缆线路的电压等级在 3kV 及以上，除满足负荷电流外，还需校验其短路热稳定条件。即短路热稳定要求的最小截面积 S_{min} 为

$$S_{min} = \frac{I_\infty \sqrt{t}}{C} \tag{8-2}$$

式中　S_{min}——短路热稳定要求的最小截面积，mm^2；

　　　I_∞——稳态短路电流，A；

　　　t——短路电流作用时间，s；

　　　C——热稳定系数，见表 8-6。

对于电压等级为 0.6/1kV 及以下的电缆，当采用低压断路器或熔断器做网络的保护时，其电缆的热稳定性一般都能满足要求，可不必进行验算。但需要注意对于电压等级为 3.6/6kV 及以上的电缆应验算其短路热稳定性。

表 8-6　　　　　　　　　　　　**热稳定系数**　　　　　　　　　　单位℃

长期允许温度		短路允许温度						
		230	220	160	150	140	130	120
90	铜	129.0	125.3	95.8	89.3	62.2	74.5	64.5
	铝	83.6	81.2	62.0	57.9	53.2	48.2	41.7
80	铜	34.6	131.2	103.2	97.1	90.6	83.4	75.2
	铝	87.2	85.0	66.9	62.9	58.7	54.0	48.7
75	铜	137.5	133.6	106.7	100.8	94.7	87.7	80.1
	铝	89.1	86.6	69.1	65.3	61.4	56.8	51.9
70	铜	140.0	136.5	110.2	104.6	98.8	92.0	84.5
	铝	90.7	88.5	71.5	67.8	64.0	59.6	54.7
65	铜	142.4	139.2	113.8	108.2	102.5	96.2	89.1
	铝	92.3	90.3	73.7	70.1	66.5	62.3	57.1
60	铜	145.3	141.8	117.0	111.8	106.1	100.1	93.4
	铝	94.2	91.9	75.8	72.5	68.8	65.0	60.4
50	铜	150.3	147.3	128.7	118.7	113.7	108.0	101.5
	铝	97.3	95.5	80.1	77.0	73.6	70，0	65.7

（3）根据经济电流密度选择电缆截面。对于最大负荷利用时间下且长度超过 200m 的电缆线路，一般按经济电流密度选择横截面。

实际上，按长期允许载流量选择电缆截面，只考虑了满足电缆的长期允许温度。如果电缆的绝缘结构具有高的耐热等级，载流量可以满足要求。但由于功率损耗与电流的平方成正比，则按经济电流密度选择截面会显得更为合理。

如果知道电缆线路中最大负荷电流及所选电缆的导电芯线材料的经济电流密度，即可计算导电芯线的截面 S 为

$$S = \frac{I_{\max}}{j_n} \tag{8-3}$$

式中　$I_{\max}$——稳态短路电流，A；

　　　j_n——经济电流密度，A/mm^2，见表 8-7。

表 8-7　　　　　　　　　　　　经 济 电 流 密 度

导体材料	年最大负荷利用时间（h）		
	≤3000	3000~5000	≥5000
铜芯	2.50	—	2.00
铝芯	1.92	1.73	1.54

七、电力电缆敷设方法的选择

电力电缆敷设安装的场所通常有多种选择，最常见的如地下、水下、架空线路等，因此电力电缆敷设方法也有多种选择。敷设在地下的电力电缆有直埋式、电缆沟式、排管式、隧道式四种；敷设在水下的有过江、过河、过湖、过海等；架空的有托架式、电杆架空式等。电力电缆施工设计人员可根据工程的具体情况和工程的具体要求，选择合适的敷设方法。

1. 直埋式电缆的敷设

直埋式是电力电缆敷设安装施工方法中最简单、费用最少的方法，也是最常用的敷设方法。

直埋式敷设电缆主要有以下几个步骤：

（1）敷设前的准备工作，包括现场勘查、制定施工计划、做好对外联系工作、准备工具材料等几个方面；

（2）直埋式电敷设的工序，主要包括挖样洞、挖沟、施放电缆、覆土、现场清理、填写质量报表等六个工序。

2. 电缆沟内敷设安装电缆

由于电力工业的迅速发展，社会经济发展等因素，对电力输送的要求也越来越高。直埋式电力电缆敷设已经很难满足电网建设的发展要求。而采用电缆沟敷设安装电缆线路，一般可以满足使几条电缆线路上下安装、近距离安装等。

电缆沟内敷设安装电缆主要有以下几个步骤：

（1）建造电缆沟，根据要求设计电缆沟的高度、宽度、施工要求等；

（2）电缆沟内敷设安装电缆的工序，电缆沟内敷设安装电缆的工序与直埋式电敷设的工序基本相同。

3. 排管内敷设安装电缆

在一些无条件建设电缆沟和电缆隧道，且路面又不允许经常开挖的地方，采用电缆排管敷设安装电缆也是一种简单有效的方法。排管是将预先造好的管子按需要的孔数排列而成的一种形式，有必要时再用水泥浇铸成一个整体。管子应采用对金属护层不起化学作用的材料制成，如陶瓷管、石棉水泥管、波纹塑料管和红泥塑料管等。

排管内敷设安装电缆主要有以下几个步骤：

（1）排管的建设，根据市政道路的建设规划和城市电网的发展规划，制定排管设计方案，经有关部门批准后，由土建工程单位施工；

（2）排管内敷设安装电缆的工序，排管内敷设安装电缆的工序与直埋式电敷设的工序基本相同。

4. 隧道内敷设安装电缆

用于敷设电缆的建筑专用隧道，称为电缆隧道。通常用于电缆较多的地段（如发电厂、变电站出线地段）和电缆路径不易开挖的地段（如机场、河流、繁杂路段等）。

（1）在深度较浅的隧道内敷设安装电缆，一般将电缆放在入孔旁边，再把电缆拖入隧道内，隧道内可放滑轮，其间距视电缆重量而定，在隧道如初处放置一个固定滑轮，以减少电缆摩擦力；

（2）在深度较深的隧道内敷设安装电缆，由于竖井较长，只靠卷扬机牵引电缆力量太大，可在隧道内两端竖井各加一组输送机，使输送机与卷扬机同时工作，以此来减小牵引电缆的牵引力。

5. 桥梁上敷设安装电缆

电缆过河、过江时如有桥梁，则可借助桥梁敷设安装电缆，这样不仅施工方便，且可节省工程费用。电缆敷设在桥梁上的施工方法与直埋式或排管式相似，此外，设计安装时需要注意以下几点即可。

（1）桥上电缆由于经常受到振动，因此必须采取防振措施，如加弹簧衬垫，也可采用防振效果良好的橡塑电缆；

（2）在桥墩两端和伸缩缝处，电缆应留有松弛部分，以防桥梁结构膨胀，或桥墩处基础下沉而受到影响而损坏；

（3）架设在木质桥梁上的电缆应穿在铁管内，防止电缆故障烧损桥梁，架设在非燃性材料结构桥梁上的电缆应放在人行道下边电缆沟中或穿入防火材料管中，管拱度不应过大，以免安装时因拉力过大损伤电缆；

（4）电缆敷设在桥梁无人可触及处，可裸露架设，但上方需加遮阳罩；

（5）悬吊电缆与桥梁构架的净距离不应小于 0.5m，以免影响桥梁维修；

（6）电缆金属护层除有绝缘要求外，应与桥梁钢架做金属性连接。

6. 架空电缆的安装

架空电缆是指用钢索悬吊的电缆，可固定在建筑物和电杆上。在设计安装过程中要注意以下几点：

（1）架空电缆的吊点或固定的间距，对有铠装的为 1m，无铠装的为 0.7m；

（2）架空电缆与公路、铁路、架空线路交叉跨越时，应满足最小允许距离的要求，见表 8-8；

（3）电缆的金属护套（铅包铠装）及悬吊线均应有良好的接地，接地电阻不超过 10Ω；

（4）架空电缆的杆塔和配套金具应进行设计，并符合 GB 50217—2007《电力工程电缆设计规范》规程和强度要求。

表 8 - 8   **架空电缆交叉跨越最小允许距离**   （m）

交叉跨越物	最小允许距离	备注
铁路	7500	—
公路	6000	—
电车路	3000/9000	至承力索或接触线/至路面
通信线路	1000	—
电力线路	1000/2000/3000/4000/5000	电压等级：1kV 及以下/6～10kV/35～110kV/150～220kV/3300kV 及以上
河道	6000/1000	—
索道	1000	—

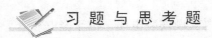

习 题 与 思 考 题

8-1　电力电缆的设计可分为哪几个阶段？

8-2　电力电缆线路路径在设计中应如何选择？

8-3　电力电缆的型号如何表示？

8-4　电力电缆的绝缘类型应如何选择？

8-5　电力电缆的截面应如何选择？

8-6　电力电缆敷设安装的方法有哪些？应如何选择？

8-7　总结电力电缆在设计中的设计步骤和设计内容。

附录 A　常用导线的规格和机械物理特性

表 A-1　　　　　　　　　　**LJ 型铝绞线的规格和机械物理特性**

标称截面（mm²）	结构根数（根/mm）	计算截面（mm²）	外径（mm）	直流电阻不大于（Ω/km）	计算拉断力（N）	计算质量（kg/km）	交货长度不小于（m）
16	7/1.70	15.89	5.10	1.802	2840	43.5	4000
25	7/2.15	25.41	6.45	1.127	4355	69.5	3000
35	7/2.50	34.36	7.50	0.8332	5760	94.1	2000
50	7/3.00	49.48	9.00	0.5786	7930	135.5	1500
70	7/3.60	71.25	10.80	0.4018	10950	195.1	1250
95	7/4.16	95.14	12.48	0.3009	14450	260.5	1000
120	19/2.85	121.21	14.25	0.2373	19120	333.5	1500
150	19/3.15	148.07	15.75	0.1943	23310	407.4	1250
185	19/3.50	182.80	17.50	0.1574	28440	503.0	1000
210	19/3.75	209.85	18.75	0.1371	32260	577.4	1000
240	19/4.00	238.76	20.00	0.1205	36260	656.9	1000
300	37/3.20	297.57	22.40	0.09689	46850	820.4	1000
400	37/3.70	397.83	25.90	0.07247	61150	1097.0	1000
500	37/4.16	502.90	29.12	0.05733	76370	1387.0	1000
630	61/3.63	631.30	32.67	0.04577	91940	1744.0	800
800	61/4.10	805.36	36.90	0.03588	115900	2225.0	800

表 A-2　　　　　　　　　　**GJ 型镀锌钢绞线的规格和机械物理特性**

标称截面（mm²）	结构根数（根/mm）	计算截面（mm²）	外径（mm）	计算质量（kg/km）	破断拉力总和不小于（N）	弹性系数（MPa）	温度线膨胀系数（1/℃）
25	7/2.20	26.60	6.6	227.7	32536		
25	19/1.30	25.21	6.5	214.7	30870		
35	7/2.60	37.15	7.8	318.2	45472		
50	7/3.90	49.46	9.0	423.7	60564	181423	11.5×10^{-6}
50	19/1.80	48.32	9.0	411.1	59192		
70	19/2.20	72.19	11.0	615.0	88396		

注　1. 钢绞线的破断拉力＝破断拉力总和×换算系数。

　　　2. 换算系数：结构 1×7 的为 0.92；结构 1×19 的为 0.89；结构 1×37 的为 0.85。

表 A-3　　　　　　　**LGJ、LGJF 型钢芯铝绞线及防腐钢芯铝绞线的规格**

标称截面（mm²）	结构根数/直径（根/mm）		计算截面（mm²）			外径（mm）	计算拉断力（N）	计算质量（kg/km）	交货长度不小于（m）
	铝	钢	铝	钢	总计				
10/2	6/1.50	1/1.50	10.60	1.77	12.37	4.50	4120	42.9	3000
16/3	6/1.85	1/1.85	16.13	2.69	18.82	5.55	6130	65.2	3000
25/4	6/2.32	1/2.32	25.36	4.23	39.59	6.96	9290	102.6	3000
35/6	6/2.72	1/2.72	34.86	5.81	40.67	8.16	12630	141.0	3000
50/8	6/3.20	1/3.20	48.25	8.04	56.29	9.60	16870	195.1	2000
50/30	12/2.32	7/2.32	50.73	29.59	80.32	11.60	42620	372.0	3000
70/10	6/3.80	1/3.80	68.05	11.34	79.39	11.40	23390	275.2	2000
70/40	12/2.72	7/2.72	69.73	40.67	110.40	13.60	58300	511.3	2000
95/15	26/2.15	7/1.67	94.39	15.33	109.72	13.61	35000	380.8	2000
95/20	7/4.16	7/1.85	95.14	18.82	113.96	13.87	37200	408.9	2000
95/55	12/3.20	7/3.20	96.51	56.60	152.81	16.00	78110	707.7	2000
120/7	18/2.90	1/2.90	118.89	6.61	125.50	14.50	27570	379.0	2000
120/20	26/2.38	7/1.85	115.67	18.82	134.49	15.07	41000	466.8	2000
120/25	7/4.72	7/2.10	122.48	24.25	146.73	15.74	47880	526.6	2000
120/70	12/3.60	7/3.60	122.15	71.25	193.40	18.00	98370	895.6	2000
150/8	18/3.20	1/3.20	144.76	8.04	152.80	16.00	32860	461.4	2000
150/20	24/2.78	7/1.85	145.68	18.82	164.50	16.67	46630	549.4	2000
150/25	26/2.70	7/2.10	148.86	24.25	173.11	17.10	54110	601.0	2000
150/35	30/2.50	7/2.50	147.26	34.36	181.62	17.50	65020	676.2	2000
185/10	18/3.60	1/3.60	183.22	10.18	193.40	18.00	40880	584.0	2000
185/25	24/3.15	7/2.10	187.04	24.25	211.29	18.90	59420	706.1	2000
185/30	26/2.98	7/2.32	181.34	29.59	210.93	18.88	64320	732.6	2000
185/45	30/2.80	7/2.80	184.73	43.10	227.83	19.60	80190	848.2	2000
210/10	18/3.80	1/3.80	204.14	11.34	215.48	19.00	45140	650.7	2000
210/25	24/3.33	7/2.22	209.02	27.10	236.12	19.98	65900	789.1	2000
210/35	26/3.22	7/2.50	211.73	34.36	246.09	20.38	74250	853.9	2000
210/50	30/2.98	7/2.98	209.24	48.82	258.06	20.86	90830	960.8	2000
240/30	24/3.60	7/2.40	244.29	31.67	275.96	21.60	75620	922.2	2000
240/40	26/3.42	7/2.66	238.85	38.90	277.75	21.66	83370	964.3	2000
240/55	30/3.20	7/3.20	241.27	56.30	297.57	22.40	102100	1108	2000
300/15	42/3.00	7/1.67	296.88	15.33	312.21	23.01	68060	939.8	2000
300/20	45/2.93	7/1.95	303.42	20.91	324.33	23.43	75680	1002	2000

续表

标称截面 (mm²)	结构根数/直径 (根/mm)		计算截面（mm²）			外径 (mm)	计算拉断力（N）	计算质量 (kg/km)	交货长度 不小于 (m)
	铝	钢	铝	钢	总计				
300/25	48/2.85	7/2.22	306.21	27.10	333.31	23.76	83410	1058	2000
300/40	24/3.99	7/2.66	300.09	38.90	338.99	23.94	92220	1133	2000
300/50	26/3.83	7/2.98	299.54	48.82	348.36	24.26	103400	1210	2000
300/70	30/3.60	7/3.60	305.36	71.25	376.61	25.20	128000	1402	2000
400/20	42/3.51	7/1.95	406.40	20.91	427.31	26.91	88850	1286	1500
400/25	45/3.33	7/2.22	391.91	27.10	410.01	26.64	95940	1295	1500
400/35	48/3.22	7/2.50	390.88	34.36	425.24	26.82	103900	1349	1500
400/50	54/3.07	7/3.07	399.73	51.82	451.55	27.63	123400	1511	1500
400/65	26/4.42	7/3.44	398.94	65.06	464.00	28.00	135200	1611	1500
400/95	30/4.16	19/2.50	407.75	93.27	501.02	29.14	171200	1860	1500
500/35	45/3.75	7/2.50	497.01	34.36	531.37	30.00	119500	1642	1500
500/45	48/3.60	7/2.80	488.58	43.10	531.68	30.00	128100	1688	1500
500/65	54/3.44	7/3.44	501.88	65.06	566.94	30.96	154000	1897	1500
630/45	45/4.20	7/2.80	623.45	43.10	666.55	33.60	148700	2060	1200
630/55	48/4.12	7/3.20	639.92	56.30	696.22	34.32	164400	2209	1200
630/80	54/3.87	19/2.32	635.19	80.32	715.51	34.82	192900	2388	1200
800/55	45/4.80	7/3.20	814.30	56.30	870.60	38.40	191500	2690	1000
800/70	48/4.63	7/3.60	808.15	71.25	879.40	38.58	207000	2791	1000
800/100	54/4.33	19/2.60	795.17	100.88	896.05	38.98	241100	2991	1000

注 LGJF 型的计算质量，应在附表规定值基础上增加防腐涂料的质量，其增值为钢芯涂防腐涂料者增加 2%，内部铝钢各层间涂防腐涂料者增加 5%。

表 A-4　　　　　　　　钢芯铝绞线的弹性系数和线膨胀系数

结构		铝钢 截面比	最终弹性系数 （实际值） (MPa)	线膨胀系数 (1/℃)	结构		铝钢 截面比	最终弹性系数 （实际值） (MPa)	线膨胀系数 (1/℃)
铝	钢				铝	钢			
6	1	6.00	79000	19.1×10^{-6}	30	7	4.29	80000	17.8×10^{-6}
7	7	5.06	76000	18.5×10^{-6}	30	19	4.37	78000	18.0×10^{-6}
12	7	1.71	105000	15.3×10^{-6}	42	7	19.44	61000	21.4×10^{-6}
18	1	1.80	66000	21.2×10^{-6}	45	7	14.46	63000	20.9×10^{-6}
24	7	7.71	73000	19.6×10^{-6}	48	7	11.34	65000	20.5×10^{-6}
26	7	6.13	76000	18.9×10^{-6}	54	7	7.71	69000	19.3×10^{-6}
					54	19	7.90	67000	19.4×10^{-6}

注 1. 弹性系数的精确度为 ±3000MPa。

　　2. 弹性系数适用于受力在 15%～50% 计算拉断力的钢芯铝绞线。

附录 B 常用导（地）线比载表

表 B-1　　　　　　　　　**LGJ 型钢芯铝绞线比载表**　　　单位：$\times 10^{-3}$ N/（m·mm²）

导线型号	10/2	16/3	25/4	35/6	50/8	50/30
g_1	34.010	33.974	34.003	33.999	33.990	45.419
g_2 (5)	106.472	77.717	56.036	44.861	35.959	28.653
g_2 (10)	325.021	229.099	158.925	123.810	96.574	74.566
g_2 (15)	655.645	454.147	308.668	236.847	181.764	137.741
g_2 (20)	1098.346	752.859	505.263	333.973	291.610	218.176
g_3 (5)	140.482	111.691	90.040	78.859	69.948	74.072
g_3 (10)	359.031	263.073	192.929	157.809	130.536	119.986
g_3 (15)	689.655	488.121	342.671	270.846	215.754	183.160
g_3 (20)	1132.356	786.834	539.266	417.972	325.600	263.595
g_4 (10)	26.756	21.690	17.300	14.757	12.544	10.622
g_4 (15)	60.201	48.802	38.925	33.203	28.223	23.900
g_4 (18)	86.690	70.275	56.052	47.813	40.641	34.416
g_4 (21)	100.296	81.304	64.849	55.317	47.020	39.817
g_4 (25)	142.142	115.227	91.906	78.397	66.638	56.431
g_4 (30)	180.604	146.406	116.775	99.610	84.669	71.700
g_4 (35)	229.435	185.990	148.348	126.541	107.561	91.086
g_5 (5, 10)	86.214	60.770	42.156	32.842	25.610	19.779
g_5 (5, 15)	193.983	136.734	94.852	73.893	57.622	44.504
g_5 (10, 10)	145.673	99.851	67.013	50.926	38.676	28.936
g_5 (10, 15)	327.764	224.665	150.778	114.584	87.021	65.107
g_5 (15, 10)	205.131	138.932	91.869	69.011	51.742	38.094
g_5 (15, 15)	461.545	312.597	206.705	155.274	116.420	85.711
g_5 (20, 10)	264.589	178.013	116.725	87.095	64.809	47.251
g_5 (20, 15)	595.326	400.528	262.632	195.964	145.819	106.314
g_6 (10)	43.273	40.307	38.151	37.063	36.230	46.645
g_6 (15)	69.144	59.463	51.686	47.522	44.180	51.324
g_6 (18)	93.123	78.056	65.560	58.668	52.981	56.986
g_6 (21)	105.905	88.117	73.223	64.930	58.018	60.401
g_6 (25)	146.155	120.131	97.995	85.451	74.806	72.438
g_6 (30)	183.779	150.296	121.625	105.252	91.237	84.875
g_6 (35)	231.942	189.067	152.195	131.029	112.804	101.782
g_7 (5, 10)	164.828	127.153	99.420	85.425	74.489	76.667
g_7 (5, 15)	239.509	176.553	130.782	108.070	90.626	86.413
g_7 (10, 10)	387.458	281.386	204.236	165.822	136.145	123.425
g_7 (10, 15)	486.140	345.951	244.859	195.020	156.883	136.512
g_7 (15, 10)	719.516	507.508	354.772	279.500	221.871	187.079
g_7 (15, 15)	829.848	579.637	400.188	312.198	245.160	202.222
g_7 (20, 10)	1162.857	806.719	551.755	426.950	331.987	267.796
g_7 (20, 15)	1279.313	882.910	599.820	461.631	356.761	284.227

导线型号	70/10	70/40	95/15	95/20	95/55	120/7
g_1	33.994	45.418	34.035	35.187	48.417	29.615
g_2 (5)	28.639	23.358	23.515	22.956	19.052	21.541
g_2 (10)	74.741	59.273	59.665	58.078	47.177	54.130
g_2 (15)	138.306	107.746	108.452	105.365	84.375	97.765
g_2 (20)	219.334	168.777	169.873	164.818	130.645	152.447
g_3 (5)	62.633	68.775	57.550	58.144	64.469	51.157
g_3 (10)	108.735	104.691	93.701	93.265	92.594	83.745
g_3 (15)	172.300	153.164	142.487	140.553	129.792	127.380
g_3 (20)	253.328	214.195	203.909	200.006	176.062	182.062
g_4 (10)	10.561	9.060	9.123	8.952	7.701	8.498
g_4 (15)	23.763	20.386	20.528	20.141	17.327	19.120
g_4 (18)	34.219	29.356	29.560	29.004	24.951	27.533
g_4 (21)	39.589	33.963	34.199	33.555	28.867	31.854
g_4 (25)	56.107	48.134	48.468	47.556	40.912	45.145
g_4 (30)	71.289	61.158	61.583	60.424	51.982	57.360
g_4 (35)	90.564	77.694	78.233	76.761	66.037	72.690
g_5 (5, 10)	19.826	15.723	15.827	15.406	12.514	14.358
g_5 (5, 15)	44.608	35.376	35.610	34.663	28.157	32.306
g_5 (10, 10)	29.090	22.385	22.530	21.860	17.327	20.219
g_5 (10, 15)	65.453	50.366	50.693	49.184	38.987	45.493
g_5 (15, 10)	38.355	29.047	29.234	28.314	22.141	26.079
g_5 (15, 15)	86.298	65.355	65.776	63.706	49.816	58.679
g_5 (20, 10)	47.619	35.709	35.937	34.768	26.954	31.940
g_5 (20, 15)	107.143	80.345	80.858	78.227	60.646	71.865
g_6 (10)	35.597	46.313	35.237	36.308	46.065	30.810
g_6 (15)	41.476	49.783	39.747	40.544	48.610	35.251
g_6 (18)	48.234	54.079	45.080	45.600	51.820	40.437
g_6 (21)	52.182	56.712	48.249	48.622	53.815	43.494
g_6 (25)	65.602	66.179	59.224	59.158	61.127	53.992
g_6 (30)	78.980	76.178	70.362	69.923	69.028	64.554
g_6 (35)	96.734	89.995	85.316	78.227	80.147	78.657
g_7 (5, 10)	65.696	70.550	59.687	60.150	65.673	53.133
g_7 (5, 15)	76.895	77.340	67.667	67.692	70.350	60.504
g_7 (10, 10)	112.559	107.057	96.372	95.793	94.202	86.151
g_7 (10, 15)	126.915	116.176	106.535	105.440	100.467	95.304
g_7 (15, 10)	176.518	155.894	145.455	143.376	131.667	130.022
g_7 (15, 15)	192.704	166.525	156.936	154.316	139.024	140.246
g_7 (20, 10)	257.765	217.151	207.051	203.005	178.113	184.842
g_7 (20, 15)	275.054	228.768	219.356	214.760	186.214	195.732

续表

导线型号	120/20	120/25	120/70	150/8	150/20	150/25
g_1	34.038	35.195	45.413	29.612	32.752	34.047
g_2 (5)	20.689	19.596	16.487	19.054	18.263	17.699
g_2 (10)	51.686	48.641	40.143	47.181	44.954	43.407
g_2 (15)	92.992	87.134	70.968	84.381	80.073	77.123
g_2 (20)	144.607	135.076	108.961	130.654	123.620	118.849
g_3 (5)	54.727	54.791	61.900	48.666	51.016	51.746
g_3 (10)	85.724	83.836	85.556	76.793	77.707	77.454
g_3 (15)	127.030	122.329	116.381	113.993	112.825	111.170
g_3 (20)	178.644	170.271	154.373	160.266	156.372	152.895
g_4 (10)	8.241	7.890	6.275	7.702	7.453	6.660
g_4 (15)	18.543	17.752	14.119	17.329	16.770	14.985
g_4 (18)	26.702	25.563	20.331	24.953	24.149	21.578
g_4 (21)	30.893	29.575	23.522	28.869	27.939	24.965
g_4 (25)	43.783	41.915	33.336	40.915	39.596	35.381
g_4 (30)	55.630	53.265	42.356	51.986	50.310	44.954
g_4 (35)	70.061	67.665	53.808	66.041	63.913	57.109
g_5 (5, 10)	13.710	12.902	10.648	12.515	11.924	11.514
g_5 (5, 15)	30.848	29.030	23.959	28.159	26.830	25.907
g_5 (10, 10)	19.179	17.915	14.451	17.329	16.396	15.763
g_5 (10, 15)	43.153	40.309	32.516	38.989	36.890	35.466
g_5 (15, 10)	24.648	22.928	18.254	22.142	20.867	20.012
g_5 (15, 15)	55.458	51.587	41.072	49.819	46.950	45.026
g_5 (20, 10)	30.117	27.940	22.057	26.955	25.338	24.260
g_5 (20, 15)	67.763	62.866	49.629	60.650	57.010	54.586
g_6 (10)	35.021	36.069	45.844	30.598	33.590	34.692
g_6 (15)	38.761	39.419	47.557	34.310	36.796	37.198
g_6 (18)	43.262	43.499	49.756	38.724	40.693	40.309
g_6 (21)	45.967	45.972	51.143	41.356	43.050	42.218
g_6 (25)	55.457	54.732	56.335	50.506	51.386	49.102
g_6 (30)	65.217	63.835	62.099	59.828	60.032	56.392
g_6 (35)	78.441	76.262	70.410	72.376	71.816	66.487
g_7 (5, 10)	56.418	56.290	62.809	50.250	50.391	53.011
g_7 (5, 15)	62.822	62.007	66.375	56.226	57.641	57.869
g_7 (10, 10)	87.844	85.729	86.786	78.724	79.417	79.041
g_7 (10, 15)	95.973	93.023	91.527	86.124	86.019	85.188
g_7 (15, 10)	129.399	124.459	117.804	116.124	114.739	112.957
g_7 (15, 15)	138.608	132.762	123.415	124.404	122.204	119.942
g_7 (20, 10)	181.165	172.548	155.941	162.517	158.412	154.808
g_7 (20, 15)	191.064	181.506	162.155	171.358	166.440	162.347

续表

导线型号	150/35	185/10	185/25	185/30	185/45	210/10
g_1	36.512	29.613	32.772	34.060	36.510	29.614
g_2 (5)	17.175	16.487	15.682	15.696	14.969	15.441
g_2 (10)	41.984	40.143	37.926	37.926	36.024	37.317
g_2 (15)	74.426	70.968	66.731	66.731	63.164	65.626
g_2 (20)	114.501	108.961	102.097	102.219	96.389	100.369
g_3 (5)	53.687	46.100	48.454	49.756	51.479	45.055
g_3 (10)	78.496	69.756	70.698	72.024	72.534	66.931
g_3 (15)	110.938	100.580	99.503	100.865	99.674	95.240
g_3 (20)	151.013	138.573	134.869	136.729	132.899	129.983
g_4 (10)	6.496	6.275	6.031	6.035	5.800	5.945
g_4 (15)	14.617	14.119	13.569	13.578	13.050	13.376
g_4 (18)	21.048	20.331	19.540	19.552	18.792	19.261
g_4 (21)	24.351	23.522	22.607	22.621	21.742	22.284
g_4 (25)	34.512	33.336	32.039	32.059	30.813	31.582
g_4 (30)	43.850	42.356	40.708	40.734	39.151	40.128
g_4 (35)	55.706	53.808	51.714	51.748	49.736	50.977
g_5 (5, 10)	11.137	10.648	10.060	10.070	9.556	9.899
g_5 (5, 15)	25.057	23.959	22.635	22.658	21.500	22.272
g_5 (10, 10)	15.186	14.451	13.541	13.557	12.784	13.312
g_5 (10, 15)	34.169	32.516	30.467	30.504	28.764	29.952
g_5 (15, 10)	19.236	18.254	17.022	17.044	16.012	16.725
g_5 (15, 15)	43.281	41.072	38.300	38.349	36.028	37.632
g_5 (20, 10)	23.286	22.057	20.503	20.531	19.241	20.138
g_5 (20, 15)	52.392	49.629	46.132	46.195	43.291	45.312
g_6 (10)	37.085	30.270	33.323	34.591	36.968	30.205
g_6 (15)	39.329	32.806	35.470	36.667	38.772	32.495
g_6 (18)	42.144	35.920	38.155	39.273	41.062	35.327
g_6 (21)	43.887	37.818	39.813	40.888	42.493	37.062
g_6 (25)	50.241	44.589	45.831	46.775	47.775	43.294
g_6 (30)	57.061	51.681	52.261	53.098	53.533	49.872
g_6 (35)	86.605	61.418	61.224	61.951	61.698	58.954
g_7 (5, 10)	54.830	47.314	49.488	50.765	52.359	46.130
g_7 (5, 15)	59.247	51.954	53.481	54.672	55.789	50.259
g_7 (10, 10)	79.951	71.237	71.983	73.289	73.652	68.242
g_7 (10, 15)	85.610	76.962	76.983	78.217	78.029	73.327
g_7 (15, 10)	112.593	102.223	100.948	102.295	100.952	96.697
g_7 (15, 15)	119.081	108.643	106.619	107.910	105.985	102.405
g_7 (20, 10)	152.798	140.318	136.419	137.817	134.284	131.534
g_7 (20, 15)	159.843	147.192	142.541	143.896	139.772	137.654

导线型号	210/25	210/35	210/50	240/30	240/40	240/55
g_1	32.773	34.028	36.512	32.772	34.047	36.515
g_2 (5)	14.667	14.298	13.893	13.363	13.307	12.766
g_2 (10)	35.206	34.230	33.158	31.751	31.606	30.190
g_2 (15)	61.616	59.795	57.795	55.162	54.896	52.274
g_2 (20)	93.897	90.994	87.805	83.597	83.178	79.017
g_3 (5)	47.440	48.326	50.405	46.135	47.354	49.281
g_3 (10)	67.979	68.258	69.670	64.522	65.653	66.705
g_3 (15)	94.389	93.823	94.307	87.934	88.943	88.789
g_3 (20)	126.670	125.022	124.317	116.369	117.225	115.532
g_4 (10)	5.705	5.583	5.450	5.227	5.258	5.075
g_4 (15)	12.836	12.563	12.262	11.874	11.830	11.419
g_4 (18)	18.484	18.090	17.658	17.098	17.035	16.444
g_4 (21)	21.385	20.930	20.429	19.781	19.709	19.024
g_4 (25)	30.308	29.662	28.952	28.035	27.932	26.962
g_4 (30)	38.509	37.688	36.787	35.621	35.490	34.258
g_4 (35)	48.920	47.878	46.733	45.252	45.085	43.520
g_5 (5, 10)	9.339	9.080	8.795	8.422	8.384	8.008
g_5 (5, 15)	21.012	20.430	19.790	18.950	18.863	18.019
g_5 (10, 10)	12.454	12.069	11.646	11.087	11.032	10.480
g_5 (10, 15)	28.020	27.154	26.202	24.947	24.822	23.580
g_5 (15, 10)	15.568	15.057	14.496	13.753	13.680	12.952
g_5 (15, 15)	35.029	33.879	32.615	30.943	30.780	29.141
g_5 (20, 10)	18.683	18.046	17.346	16.418	16.328	15.423
g_5 (20, 15)	42.038	40.064	39.028	36.940	36.738	34.702
g_6 (10)	33.266	34.483	36.916	33.194	34.451	36.866
g_6 (15)	35.197	36.273	38.516	34.856	36.044	38.259
g_6 (18)	37.627	38.538	40.557	36.964	38.071	40.047
g_6 (21)	39.133	39.949	41.838	38.279	39.340	41.174
g_6 (25)	44.639	45.141	46.598	43.127	44.038	45.390
g_6 (30)	50.567	50.777	51.830	48.403	49.180	50.069
g_6 (35)	58.884	58.738	59.305	55.872	56.496	56.809
g_7 (5, 10)	48.351	49.172	51.166	46.898	46.898	49.927
g_7 (5, 15)	51.885	52.467	54.150	49.875	49.875	52.471
g_7 (10, 10)	69.110	69.316	70.636	65.486	65.468	67.524
g_7 (10, 15)	73.527	73.461	74.434	69.177	69.177	70.750
g_7 (15, 10)	95.664	95.024	95.415	89.003	89.003	89.729
g_7 (15, 15)	100.679	99.753	99.788	93.219	93.219	93.449
g_7 (20, 10)	128.041	126.318	125.521	117.521	117.521	116.557
g_7 (20, 15)	133.464	131.450	130.299	122.091	122.091	120.631

导线型号	300/15	300/20	300/25	300/40	300/50	300/70
g_1	29.520	30.297	31.128	32.777	34.063	36.567
g_2 (5)	12.438	12.153	11.963	11.836	11.645	11.117
g_2 (10)	29.316	28.580	28.085	27.761	27.269	25.916
g_2 (15)	50.635	49.282	48.366	47.776	46.873	44.395
g_2 (20)	76.395	74.258	72.807	71.881	70.457	66.556
g_3 (5)	41.957	42.450	43.091	44.612	45.707	47.624
g_3 (10)	58.836	58.877	59.213	60.538	61.332	62.423
g_3 (15)	80.155	79.579	79.494	80.553	80.936	80.902
g_3 (20)	105.915	104.555	103.935	104.658	104.520	103.063
g_4 (10)	4.969	4.871	4.806	4.761	4.695	4.511
g_4 (15)	11.180	10.959	10.814	10.713	10.564	10.151
g_4 (18)	16.099	15.781	15.572	15.427	15.213	14.617
g_4 (21)	18.626	18.257	18.016	17.848	17.600	16.911
g_4 (25)	26.397	25.875	25.532	25.295	24.943	23.966
g_4 (30)	33.540	32.876	32.441	32.139	31.693	30.451
g_4 (35)	42.609	41.765	41.212	40.829	40.262	38.684
g_5 (5, 10)	7.776	7.581	7.450	7.364	7.233	6.874
g_5 (5, 15)	17.497	17.057	16.762	16.569	16.275	15.467
g_5 (10, 10)	10.132	9.849	9.560	9.534	9.345	8.827
g_5 (10, 15)	22.797	22.160	21.727	21.451	21.026	19.861
g_5 (15, 10)	12.488	12.117	11.863	11.703	11.456	10.780
g_5 (15, 15)	28.098	27.262	26.692	26.332	25.776	24.256
g_5 (20, 10)	14.844	14.384	14.070	13.873	13.567	12.733
g_5 (20, 15)	33.399	32.365	31.657	31.214	30.526	28.650
g_6 (10)	29.935	30.686	31.497	33.121	34.385	36.785
g_6 (15)	31.566	32.218	32.953	34.483	35.663	37.892
g_6 (18)	33.624	34.161	34.806	36.226	37.305	39.324
g_6 (21)	34.905	35.373	35.966	37.321	38.341	40.234
g_6 (25)	39.601	39.842	40.260	41.402	42.219	43.671
g_6 (30)	44.681	44.708	44.960	45.905	46.526	47.540
g_6 (35)	51.835	51.597	51.647	52.357	52.738	53.191
g_7 (5, 10)	42.672	43.121	43.730	43.730	46.276	48.118
g_7 (5, 15)	45.460	45.749	46.236	46.236	48.518	50.073
g_7 (10, 10)	59.702	59.695	59.995	59.995	62.040	63.044
g_7 (10, 15)	63.098	62.909	63.073	63.073	64.836	65.500
g_7 (15, 10)	81.122	80.496	80.375	80.375	81.743	81.618
g_7 (15, 15)	84.937	84.119	83.856	83.856	84.941	84.460
g_7 (20, 10)	106.950	105.540	105.540	104.883	105.397	103.847
g_7 (20, 15)	111.056	109.450	109.450	108.649	108.886	106.971

导线型号	400/20	400/25	400/35	400/50	400/65	400/95
g_1	29.513	30.309	31.110	32.816	34.049	36.406
g_2 (5)	10.353	10.469	10.374	10.018	9.860	9.447
g_2 (10)	23.950	24.246	24.008	23.107	22.708	21.661
g_2 (15)	40.792	41.332	40.903	39.266	38.544	36.642
g_2 (20)	60.879	61.727	61.058	58.495	57.367	54.390
g_3 (5)	39.866	40.777	41.484	42.834	43.909	45.853
g_3 (10)	53.464	54.555	55.118	55.922	56.756	58.067
g_3 (15)	70.306	71.641	72.013	72.081	72.592	73.049
g_3 (20)	90.392	92.036	92.168	91.310	91.416	90.797
g_4 (10)	4.246	4.287	4.252	4.125	4.068	3.921
g_4 (15)	9.553	9.645	9.568	9.282	9.154	8.823
g_4 (18)	13.757	13.888	13.777	13.366	13.182	12.705
g_4 (21)	15.916	16.086	15.940	15.464	15.251	14.699
g_4 (25)	22.556	22.772	22.590	21.916	21.614	20.832
g_4 (30)	28.659	28.934	28.703	27.847	27.462	26.469
g_4 (35)	36.408	36.757	36.463	35.375	34.887	33.625
g_5 (5, 10)	6.353	6.432	6.368	6.129	6.023	5.746
g_5 (5, 15)	14.294	14.471	14.329	13.791	13.553	12.928
g_5 (10, 10)	8.074	8.187	8.098	7.758	7.609	7.214
g_5 (10, 15)	18.167	18.420	18.221	17.456	17.119	16.231
g_5 (15, 10)	9.796	9.942	9.828	9.387	9.194	8.682
g_5 (15, 15)	22.040	22.370	22.112	21.121	20.686	19.534
g_5 (20, 10)	11.517	11.697	11.557	11.016	10.779	10.150
g_5 (20, 15)	25.913	26.319	26.004	24.786	24.252	22.837
g_6 (10)	29.817	30.610	31.399	33.074	34.291	36.617
g_6 (15)	31.021	31.806	32.548	34.103	35.258	37.640
g_6 (18)	32.562	33.339	34.024	35.433	36.511	38.560
g_6 (21)	33.531	34.304	34.956	36.277	37.308	39.262
g_6 (25)	37.146	37.910	38.447	39.462	40.329	41.945
g_6 (30)	41.139	41.902	42.328	43.038	43.743	45.011
g_6 (35)	46.868	47.641	47.931	48.252	48.749	49.559
g_7 (5, 10)	40.369	41.281	41.970	43.270	44.320	46.212
g_7 (5, 15)	42.352	43.269	43.889	44.999	45.953	47.641
g_7 (10, 10)	54.070	55.166	55.710	56.458	57.264	58.514
g_7 (10, 15)	56.466	57.581	58.052	58.583	59.282	60.293
g_7 (15, 10)	70.985	72.328	72.680	72.690	73.172	73.563
g_7 (15, 15)	73.679	75.052	75.331	75.112	75.482	75.615
g_7 (20, 10)	91.123	92.776	92.889	91.972	92.049	91.362
g_7 (20, 15)	94.033	95.725	95.766	94.614	94.578	93.625

导线型号	500/35	500/45	500/65	630/45	630/55	630/80
g_1	30.304	31.135	52.813	30.308	31.115	32.729
g_2 (5)	9.132	9.126	8.794	8.029	7.830	7.716
g_2 (10)	20.873	20.860	20.033	18.137	17.651	17.369
g_2 (15)	35.222	35.202	33.717	30.325	29.463	28.960
g_2 (20)	52.181	52.151	49.847	44.594	43.267	42.488
g_3 (5)	39.436	40.261	41.607	38.336	38.945	40.445
g_3 (10)	51.176	51.995	52.846	48.445	48.766	50.098
g_3 (15)	65.526	66.336	66.530	60.633	60.578	61.689
g_3 (20)	82.485	83.286	82.660	74.902	74.382	75.217
g_4 (10)	3.806	3.804	3.682	3.399	3.323	3.281
g_4 (15)	8.564	8.559	8.284	7.647	7.478	7.382
g_4 (18)	12.333	12.326	11.929	11.011	10.768	10.630
g_4 (21)	14.268	14.260	13.801	12.740	12.458	12.299
g_4 (25)	20.222	20.210	19.559	18.055	17.656	17.430
g_4 (30)	25.693	25.678	24.852	22.941	22.434	22.147
g_4 (35)	32.640	32.621	31.571	29.143	28.499	28.135
g_5 (5, 10)	5.537	5.533	5.314	4.811	4.682	4.607
g_5 (5, 15)	12.457	12.450	11.956	10.825	10.535	10.336
g_5 (10, 10)	6.921	6.917	6.611	5.914	5.738	5.635
g_5 (10, 15)	15.572	15.563	14.875	13.308	12.912	12.679
g_5 (15, 10)	8.305	8.300	7.908	7.018	6.795	6.663
g_5 (15, 15)	18.686	18.675	15.790	15.790	15.288	14.992
g_5 (20, 10)	9.689	9.683	8.121	8.121	7.851	7.691
g_5 (20, 15)	21.800	21.788	18.273	18.273	17.665	17.305
g_6 (10)	30.542	31.366	33.019	30.498	31.292	32.894
g_6 (15)	31.491	32.290	33.843	31.258	32.001	33.552
g_6 (18)	32.717	33.486	34.914	32.246	32.926	34.413
g_6 (21)	33.495	34.245	35.598	32.877	33.516	34.964
g_6 (25)	36.431	37.119	38.201	35.278	35.775	37.081
g_6 (30)	39.730	40.358	41.162	38.011	38.359	39.518
g_6 (35)	44.539	45.094	45.535	42.046	42.194	43.160
g_7 (5, 10)	39.822	40.639	41.945	38.637	39.225	40.707
g_7 (5, 15)	41.356	42.142	43.291	39.835	40.344	41.752
g_7 (10, 10)	51.642	52.453	53.258	48.805	49.102	50.414
g_7 (10, 15)	53.493	54.274	54.899	50.239	50.446	51.678
g_7 (15, 10)	66.050	66.854	66.999	61.038	60.958	62.048
g_7 (15, 15)	68.138	68.915	68.869	62.656	62.478	63.485
g_7 (20, 10)	83.052	83.847	83.171	75.341	74.795	75.610
g_7 (20, 15)	85.317	86.088	85.216	77.098	76.451	77.182

表 B - 2　　　　　　　　　**GJ 型钢绞线比载表** $[\times 10^{-3}\ \text{N}/(\text{m} \cdot \text{mm}^2)]$

导线型号	GJ - 25 (1×7)	GJ - 35 (1×19)	GJ - 35 (1×7)	GJ - 50 (1×7)	GJ - 50 (1×19)	GJ - 70 (1×19)
g_1	83.946	83.518	83.997	84.009	83.434	83.545
g_2 (5)	60.459	63.242	47.768	39.242	40.186	30.727
g_2 (10)	173.037	181.478	132.854	106.515	109.028	80.659
g_2 (15)	337.735	354.707	255.258	201.818	206.580	149.796
g_2 (20)	554.552	582.929	414.981	325.152	332.823	238.137
g_3 (5)	144.405	146.760	131.764	123.251	123.602	114.272
g_3 (10)	256.983	264.996	216.850	190.524	192.462	164.204
g_3 (15)	421.681	438.225	339.225	285.827	290.014	233.341
g_3 (20)	638.499	666.447	498.978	409.161	416.257	321.682
g_4 (10)	18.249	18.964	15.443	13.384	13.699	11.207
g_4 (15)	41.061	42.668	34.746	30.113	30.823	25.216
g_4 (18)	59.127	61.442	50.034	43.363	44.386	36.311
g_4 (21)	68.407	71.085	57.886	50.168	51.352	42.010
g_4 (25)	96.949	100.745	82.038	71.100	72.777	59.538
g_4 (30)	123.182	128.005	104.237	90.339	92.470	75.649
g_4 (35)	156.487	162.614	132.419	114.764	117.471	96.102
g_5 (5, 10)	45.900	48.139	35.241	28.254	28.921	21.396
g_5 (5, 15)	103.274	108.312	79.291	63.572	65.072	48.140
g_5 (10, 10)	73.550	77.313	55.039	43.125	44.142	31.584
g_5 (10, 15)	165.487	173.955	123.837	97.031	99.320	71.064
g_5 (15, 10)	101.200	106.488	74.837	57.995	59.364	41.772
g_5 (15, 15)	227.700	239.599	168.383	130.489	133.568	93.988
g_5 (20, 10)	128.851	135.663	94.635	72.866	74.585	51.961
g_5 (20, 15)	289.914	305.242	212.928	163.948	167.816	116.912
g_6 (10)	85.907	85.644	85.404	85.068	84.551	84.293
g_6 (15)	93.450	93.786	90.899	89.243	88.945	87.267
g_6 (18)	102.679	103.684	97.769	94.540	94.505	91.095
g_6 (21)	108.289	109.674	102.011	97.848	97.970	93.512
g_6 (25)	128.242	130.861	117.413	110.058	110.715	102.589
g_6 (30)	149.067	152.841	133.868	123.364	124.547	112.705
g_6 (35)	177.582	182.807	156.813	142.226	144.086	127.339
g_7 (5, 10)	151.524	154.454	136.395	126.448	126.940	116.258
g_7 (5, 15)	177.534	182.401	153.782	138.680	139.684	123.998
g_7 (10, 10)	267.301	276.044	223.726	195.344	197.459	167.214

导线型号	GJ - 25 (1×7)	GJ - 35 (1×19)	GJ - 35 (1×7)	GJ - 50 (1×7)	GJ - 50 (1×19)	GJ - 70 (1×19)
g_7 (10, 15)	305.657	316.991	249.719	213.809	216.578	178.922
g_7 (15, 10)	433.655	450.977	347.411	291.652	296.027	237.050
g_7 (15, 15)	479.231	499.448	378.743	314.205	319.293	251.558
g_7 (20, 10)	651.370	680.615	507.583	415.598	422.886	325.851
g_7 (20, 15)	701.235	733.024	542.510	440.785	448.812	342.268

注　g_2、g_3 括号中数字表示覆冰厚度（mm）；g_4、g_6 括号中数字表示风速（m/s）；g_5、g_7 括号中前一数字表示覆冰厚度（mm），后一数字表示风速（m/s）。

附录 C　输配电线路设计与计算参数查询表

表 C-1　**裸铜、铝及钢芯铝线的载流量**（环境温度＋25℃，最高允许温度＋70℃）

铜绞线			铝绞线			钢芯铝绞线	
导线牌号 (mm²)	载流量（A）		导线牌号 (mm²)	载流量（A）		导线牌号 (mm²)	屋外 载流量（A）
	屋外	屋内		屋外	屋内		
TJ-4	50	25	LJ-10	75	55	LGJ-35	170
TJ-6	70	35	LJ-16	105	80	LGJ-50	220
TJ-10	95	60	LJ-25	135	110	LGJ-70	275
TJ-16	130	100	LJ-35	170	135	LGJ-95	335
TJ-25	180	140	LJ-50	215	170	LGJ-120	380
TJ-35	220	175	LJ-70	265	215	LGJ-150	445
TJ-50	270	220	LJ-95	325	260	LGJ-185	515
TJ-60	315	250	LJ-120	375	310	LGJ-240	610
TJ-70	340	280	LJ-150	440	370	LGJ-300	700
TJ-95	415	340	LJ-185	500	425	LGJ-400	800
TJ-120	485	405	LJ-240	610	—	LGJQ-300	690
TJ-150	570	480	LJ-300	680	—	LGJQ-400	825
TJ-185	645	550	LJ-400	830	—	LGJQ-500	945
TJ-240	770	650	LJ-500	980	—	LGJQ-600	1050
TJ-300	890	—	LJ-625	1140	—	LGJJ-300	705
TJ-400	1085	—				LGJJ-400	850

注　本表数值均按最高气温为＋70℃计算。对铜线，当最高温度采用＋80℃时，则表中数值应乘以系数 1.1；对于铝线和钢芯铝线，当温度采用＋90℃时，则表中数值应乘以系数 1.2。

表 C-2　　　　　　　　　　　　　　　　　**温度校正系数 K_θ 值**

实际环境温度（℃）	−5	0	5	10	15	20	25	30	35	40	45	50
K_θ	1.29	1.24	1.20	1.15	1.11	1.05	1.00	0.94	0.88	0.81	0.74	0.67

注　当实际环境温度不为25℃时，表 C-1 中的载流量应乘以本表中的温度校正系数 K_θ。

表 C-3　　　　　　　　**各类杆塔的荷载计算条件**

杆塔类别	运行情况	断线情况	安装情况	特殊情况
直线杆塔	（1）最大风速、无冰、未断线； （2）覆冰、相应风速、未断线	（1）断一相导线、避雷线未断、无冰、无风； （2）一根避雷线有不平衡张力、导线未断、无冰、无风断线检修考虑附加荷载	（1）各类杆塔应按安装方法、相应风速、无冰条件计算； （2）一般采用无冰、风速为10m/s； （3）对终端杆塔应按进线档已架设及未架设两种情况计算	（1）重冰区各类杆塔的断线张力，应按覆冰、无风、气温−5℃计算，断线情况覆冰荷载不应小于运行情况计算覆冰荷载的50%； （2）重冰区的各类杆塔，尚应按三相导线及避雷线不均匀脱冰（即一侧冰重100%，另一侧冰重50%）所产生的不平衡张力进行验算；直线杆塔一般不考虑导线及避雷线同时产生不平衡张力，耐张杆塔应根据具体情况确定。 （3）地震烈度为9度以上地区的各类杆塔均应进行抗震计算。设计烈度采用基本烈度，验算条件风速取最大风速的50%、无冰、未断线
耐张杆塔	（1）最大风速、无冰、未断线； （2）覆冰、相应风速、未断线； （3）最低气温、无冰、无风、未断线	（1）同档内断两相导线、避雷线未断、无冰、无风； （2）断一根避雷线、导线未断、无冰、无风； （3）单回路终端杆塔应按断一相导线、避雷线未断、无冰、无风条件计算		

表 C-4　　　　　　　　**附加荷载标准值**

电压（kV） 荷载(kN)	导线		避雷线	
	直线型杆塔	耐张型杆塔	直线型杆塔	耐张型杆塔
110	1.5	2.0	1.0	1.5
220～330	3.5	4.5	2.0	2.0
500	4.0	6.0	2.0	2.0

表 C-5　　　　　　　　**空间桁架背风面的风压荷载降低系数 η**

b/h \ F/F_k	≤0.1	0.2	0.3	0.4	0.5	>0.6
≤1	1.00	0.85	0.66	0.50	0.33	0.15
2	1.00	0.90	0.75	0.60	0.45	0.30

注　1. F_k 为桁架的轮廓面积，b 为塔架迎风面与背风面之间距离，h 为塔架迎风面宽度；
2. 中间值可按线性插入法计算。

表 C - 6 风速高度变化系数 μ_z

离地面或海平面高度（m）	地面粗糙度类别					
	300kV 及以下杆塔			500kV 杆塔		
	A	B	C	A	B	C
10	1.21	0.88	0.63	1.11	0.80	0.57
15	1.34	1.00	0.74	1.22	0.91	0.67
20	1.43	1.10	0.83	1.31	1.00	0.75
30	1.58	1.25	0.97	1.44	1.14	0.89
40	1.69	1.37	1.09	1.54	1.25	0.99
50	1.78	1.47	1.19	1.63	1.34	1.09
60	1.86	1.56	1.28	1.70	1.42	1.17
70	1.93	1.64	1.36	1.76	1.49	1.24
80	2.00	1.71	1.44	1.82	1.56	1.31
90	2.05	1.77	1.51	1.87	1.62	1.38
100	2.10	1.84	1.57	1.92	1.67	1.44
150	2.32	2.09	1.85	2.12	1.91	1.69
200	2.49	2.29	2.08	2.27	2.09	1.89
250	2.62	2.46	2.27	2.39	2.24	2.07
300	2.74	2.61	2.44	2.50	2.38	2.23
350	2.74	2.74	2.60	2.50	2.50	2.37
≥400	2.74	2.74	2.74	2.50	2.50	2.50

注 A 类地区指近海海面、海岛、海岸、湖岸及沙漠地区；B 类地区指田野、乡村、丛林、丘陵以及房屋比较稀疏的中、小城镇和大城市郊区；C 类地区指有密集建筑群的大城市市区。

参 考 文 献

[1] 熊先仁，郑和东，张小峰，等. 架空输配电线路设计. 北京：中国电力出版社，2011.
[2] 刘增良，杨泽江. 输配电线路设计. 北京：中国水利水电出版社，2004.
[3] 李光辉，钟国森，江全才，等. 电力电缆施工技术. 北京：中国电力出版社，2008.
[4] 李庆林. 架空送电线路施工手册. 北京：中国电力出版社，2007.
[5] 甘凤林，李光辉. 高压架空输电线路施工. 北京：中国电力出版社，2008.
[6] 戴仁发. 输配电线路施工. 北京：中国电力出版社，2009.
[7] 吴志宏，邹全平，孟垂懿. 配电线路基础. 北京：中国电力出版社，2008.
[8] 河南电力技师学院. 电力电缆工. 北京：中国电力出版社，2007.
[9] 杨德林. 电力电缆岗位技能培训教材. 北京：中国电力出版社，2008.
[10] 赵秀英，邓纯东. 送电线路工. 北京：中国水利水电出版社，2009.
[11] 河南电力技师学院. 配电线路工. 北京：中国电力出版社，2008.